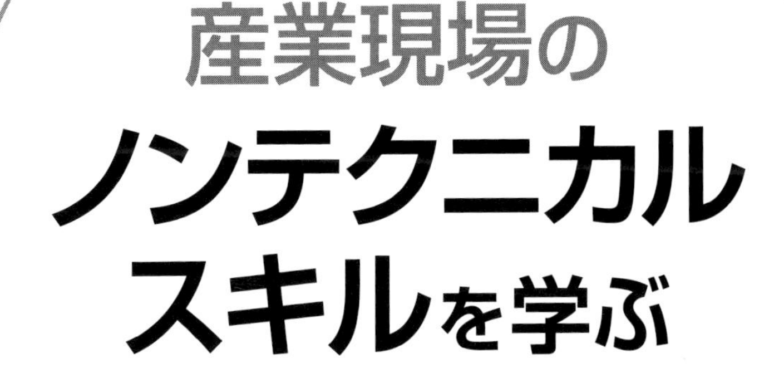

南川忠男 著

化学工業日報社

推薦のことば

産業界は安全の確保のため懸命の努力をしているが、産業事故は依然として発生している。特に近年の産業事故は、その要因として危険に対する感性の低下、安全知識の不足、異常時への対応力の低下等が挙げられており、かつて我が国の強かった現場力が低下してきたのではないかということが心配されている。我が国が世界と競合していく上でも現場力の再構築が望まれる。

現場力を強化するためには、現場力をどう考え、それをどう評価し、弱点をいかにして強化するかを考える必要がある。そこで、特定非営利活動法人安全工学会は経済産業省の支援を得て現場保安力の維持･強化に関する検討を行った。その結果、現場保安力の概念や現場保安力の評価方法について提案が行われた。また、現場保安力の強化については、良好事例を収集し、体系的に整理し、それらを共有化することが行われている。しかし、現場保安力を強化する一般的な手法についてはこれまで適切なものは存在しなかった。

産業分野において、現場保安力の強化に「ノンテクニカルスキル」の有効性を提案し、実践してきたのが筆者である。「ノンテクニカルスキル」は、船舶や飛行機のパイロットが運航判断を適切に行うために導入され、実効を上げており、近年、医療分野においても有効に活用されるようになった。著者はこの手法が化学プロセスをはじめ産業現場の安全に有効に活用されるものとの確信から、筆者の所属するAGC旭硝子において、産業現場に適用を試み、着実な成果を挙げてきた。

本書は産業現場の安全の確保に有効な「ノンテクニカルスキル」の手法について紹介するとともに、それを有効に活用するための教育資料や教育方法等について筆者の貴重な経験を基にまとめたものである。

本書は基礎編と応用編からなる。基礎編では、「ノンテクニカルスキル」について説明するとともに、「ノンテクニカルスキル」の構成要素である「状況認識」、「コミュニケーション」、「意思決定」、「リーダーシップ」、「チームワーク」についての説明とそれらの役割について紹介している。また、応用編では、「ノンテクニカルスキル」を産業現場の安全の確保に活用していくため、「ノンテクニカルスキル」教育の実践についての紹介、「ノンテクニカルスキル」の対象となる行動特性を評価する方法について述べている。そして、「ノンテクニカルスキル」が現場で醸成していくためのやり方、「ノンテクニカルスキル」の教育のための演習の作成方法、インストラクターの要件について述べている。

産業現場の管理者はもとより、産業安全の管理者、産業安全教育に係る関係者の方々には、是非、本書を精読していただき、産業現場の安全の確保のため、「ノンテクニカルスキル」とは何かを知り、そして、その重要性と役割をご理解いただき、それを産業現場に活用していただくことをお薦めしたい。それが産業現場における近年の一番大きな課題であるヒューマンエラーの防止に寄与するものと期待している。

2017年8月

東京大学名誉教授　田村 昌三

まえがき

事故の原因は技術的な面（テクニカルスキル）よりノンテクニカルスキル起因が増加している現状を改革するには、ノンテクニカルスキルの向上教育が必要である。そのためにはトップマネージメントの決意とそれを受けて教育を実施するインストラクターの力量が求められる。この両方がそろわないと、ノンテクニカルスキル教育を始めることも継続することもできない。幸い、AGC旭硝子では12年間続けてくることができた。当初は筆者も含めインストラクターの力量は十分ではなかったが、教育経験を重ねノンテクニカルスキルの知識を増やしてインストラクター能力が磨かれてきた。更に幸いなことに、トップマネージメントから「この教育の成果はいつ出るのか？」と尋ねられなかったことである。本書が初めてノンテクニカルスキル教育を始める方々のお役に立てればと思い、筆をとった。

本書の章立てとそのポイントを概観しておこう。基礎編6章と応用編6章の合計12章で構成している。

第1章ではノンテクニカルスキルとは何かについてノンテクニカルスキル教育を先行した業界の取り組みを紹介し、それ以外の産業界の動きを概観している。ノンテクニカルスキルの主要な5カテゴリーから始まり、ノンテクニカルスキルの体系図やノンテクニカルスキルと安全文化との関係について述べ、今後のノンテクニカルスキル教育の必要性を説いている。

第2章ではその後に続くコミュニケーションや意思決定の重要な基礎を作る状況認識について、状況認識の第一段階の情報入手から第二段階の情報理解、そして第三段階の未来予測を詳説している。状況認識のどの段階でも発生する思い込みについて、特集的に記述している。この章から第5章まで産業界や航空業界など他の業界の事故を章毎に数件紹介しながら、その章のノンテクニカルスキルのカテゴリーについて分析している。「状況認識」力の向上が労災およびプロセス事故を抑制すると結ぶ。

第3章ではコミュニケーションの現状と課題および目指す状態について詳説し、安全への主張（アサーション）を紹介し、広い意味での権威勾配の克服について述べている。非言語メッセージコミュニケーション起因事故を医療業界も含め4件紹介している。

第4章では意思決定のフローの説明後、意思決定には自己認識が大事であることを強調している。執筆途中で気づいたことは第9章の行動特性評価においても自己を知れば事故が減るという自己認識の大切さを述べているが、意思決定でも同じように自己認識が基礎となることがわかった。技術者倫理も自己認識がベースである。小さなことから意思力を鍛える提案をしている。心理学で言う「意思力の消耗」と事故の発生時間帯について仮説を述べている。意思決定の失敗は「相反する感情」の存在が誘導しており、その簡単な対応策を述べている。

第５章ではリーダーシップのスキルについて、人間と関係するスキルである働きかけスキル、オープンなコミュニケーションスキル、連携構築スキル、フォロアーシップスキル、人材育成スキルについて述べ、リーダーシップの修得ステップについて簡単に説明している。事業所の安全文化あるいは意思決定も関係するが、リーダーシップ起因の国内外の事故を４件紹介している。

第６章では組織全体のノンテクニカルスキルを向上させるより個人においてのノンテクニカルスキルを向上させる方が易しいが、ノンテクニカルスキル能力の開発について自分の能力開発と部下のノンテクニカルスキル能力開発について述べている。

第７章以降が応用編となり、この章ではコミュニケーションスキルの内容のうち確認会話、事前の説明と確認、良好なコミュニケーションの要素を述べ、実際に現場で実施されたノンテクニカルスキル力を高める演習を紹介している。

第８章ではノンテクニカルスキル教育の実践を取りあげ、「どのようなプログラムにすると良いか」の質問に答えようとしている。ノンテクニカルスキル教育の三科目構成の実際とその理由、演習を取り入れている理由と効果について述べ、より意見交換密度の高い逐次合流演習を紹介している。協力会社もインストラクターを輩出して一体教育の実態を述べている。

第９章では行動特性評価の実際について、「自己を知れば事故は減る」を目標に安全力評価、危険敢行性、思い込みの特性評価のやり方やその解析結果を交え、自覚の促進手法について述べ、行動特性評価の成功モデルでは例えば正直に答えてもらうことが肝要であることなどを詳しく説明。自己管理シートの導入したいきさつとメンタリング例および近い未来から現在を考えるやり方も紹介している。

第10章では現場で醸成できるノンテクニカルスキルとして、ノンテクニカルスキルの良き助言者が1日に何度もノンテクニカルスキル教育の機会が訪れるのをとらえて、OJTで行動特性指導をしたり、OJTでコミュニケーション力向上を図る意義について述べている。OJTは属人的な面があるが、それを補う集合教育でノンテクニカルスキルを向上させるのと両輪的となる。

第11章では演習の作成方法についてクロスロード演習、逐次合流演習の作成方法やその演習の結果について具体例を入れながらAGC旭硝子の実際を写真も用いて紹介している。各社のインストラクターが自社の教育ニーズを踏まえ、すぐに作成できるガイドを目指している。自問自答力は思い込みを防止する究極の手法で、それが向上できる演習を考案したので、紹介している。

第12章ではインストラクターの五つの要件を実際に熱弁しているAGC旭硝子のインストラクターの教育現場の写真付きで述べている。章の最後でノンテクニカルスキル教育を継続する上でインストラクターを組織的に養成するしくみが必要であると述べている。事業所の教育ニーズに応じてAGC旭硝子の手法や演習をカスタマイズすることが自社の教育に不可欠である。

本書は筆者のAGC旭硝子でのノンテクニカルスキル教育の実

践経験から執筆された。また、社外講座では多くのインストラクター候補の方々と意見交換でき、広い視野から今後のノンテクニカルスキル教育について考えることができた。

最後に本書刊行までに御世話になった多くの方々に御礼を申し上げます。

月刊誌「化学経済」(化学工業日報社)にて、ノンテクニカルスキル教育をテーマに5カ月間共に共著連載させていただき、第3章のコミュニケーションにおいて、安全への主張(アサーション)の項では株式会社安全マネジメント研究所所長・石橋明氏にご尽力いただき感謝申し上げます。

本書の推薦の言葉を引き受けてくださり、ノンテクニカルスキルの重要性を改めて説いてくださった東京大学名誉教授の田村昌三氏に感謝申し上げます。

発刊の機会を与えてくださった化学工業日報社の安永俊一氏、増井 靖氏には紙面構成や内容へのアドバイスなど提供してくださったことに深く御礼申し上げます。また、文章にふさわしいイラストを描いてくれた『STUDIO TSU-YAN』の環境漫画家&イラストレーターの津山彰彦氏に感謝申し上げます。

産業界のみならず食品、陸運など広い業界にノンテクニカルスキル教育が普及することを希求する。

2017年8月

南川 忠男

目　次

第5章　リーダーシップ

第６章　ノンテクニカルスキル能力の開発

応　用　編

基礎編

第1章 ノンテクニカルスキルとは何か

1−1　ノンテクニカルスキルとは

ノンテクニカルスキルは通常の業務においてもテクニカルスキル同様、業務遂行上に使われているスキルであり、特に、複雑な過程を経る意思決定や通常と違う運転状態に変わったときや工事中に現場環境が変わってしまう非定常作業では、作業者個人の用心深さや仲間との密な情報共有が必要である。上記の場面であれば、コミュニケーションと状況認識というノンテクニカルスキルが適切に働くとトラブル発生の可能性を低くすることができる。**表1－1**にノンテクニカルスキルのカテゴリーとその要素を示す[1)]。

この中でも状況認識とコミュニケーションが最も大事である。実際に航空分野でも海運分野でも訓練の多くがこの状況認識とコミュニケーションに費やされており、そのようなこ

【表1－1】 ノンテクニカルスキルのカテゴリーとその要素

カテゴリー	要　　　素
状　況　認　識	情報の収集, その情報の理解, 予測判断
意　思　決　定	選択肢の検討・比較, 選択肢からの採用, 決定後のレビュー
コミュニケーション	情報の明確な発信と受け取り, 情報の開放性と共有化, 権威勾配, 言い出す勇気, 声かけの大切さ, 緊急時の相談
チームワーク	他者への支援, 情報交換, チーム員の共通理解の促進, 調整
リーダーシップ	目標設定, 困難に打ち勝つ力, 他人を思いやる心

とはノンテクニカルスキルの教育を実施し始めて９年間は知らなかったが、偶然にもAGC旭硝子でも教育対象カテゴリーは状況認識とコミュニケーションに集中し、一部意思決定やチームワークに絡むが、状況認識力向上教育とコミュニケーション力向上教育の繰り返しとなっている。

ヒューマンファクターが事故に占める割合が上昇し、重大な事故が続いて社会的問題となり、ノンテクニカルスキル教育が始まる教育歴史はどの分野でも必然的な流れなのだろうと思った。そして分野が違っても教育の目指すところが同じであった。

防護層解析LOPAの中の三番目の防護壁は「運転員対応」で、通常運転時における警報や運転員への対応のための警報システムであるが、緊急時に働いているインターロックを解除したりしてしまうと、この防護は崩れる。また、せっかく警報システムが網羅的に設置されていても、同時多発する事象から発せられる警報が多いとアラームフラディングと呼ばれる現象が起き、操作の優先度を決めようとしている運転員には情報過多となり、重要情報を見過ごすことになる。熟練者はそれまでの経験や構築してきたメンタルモデルを起動して対応できるが、未熟者はその状況がもたらすストレスが誤ったメンタルモデルで判断を誤らせることになりやすい。技術の伝承においては突然起きる緊急事態に備え、熟練者の経験や構築してきたメンタルモデルを伝承することを中心に過去の事故情報を元に教育するのが有効であり、各社で事故の横展開（水平展開ともいう）に力を入れているゆえんである。

スイスチーズモデルはよく４枚で構成されており、防御壁を通り抜けた危険がトラブルを発生させているが、そのうちの一つの壁であるのがヒューマンファクターに関わることであり、４Ｍ（Man：人，Machine：機械，Material：材料，Method：方法）のManのファクターを指す。

人の面が強固であるとトラブルの原因となる潜在危険を見抜く状況認識や、仲間と意見交換してとっさに回避する緊急時の意思決定のスムーズさが事故を未然に防ぐ。それは日頃からの仲間との絆の強さも関係し、常時そうなりたいものである。

1−2　航空分野での取り組み

ノンテクニカルスキル起因の事故は医療分野では54％を占め、航空分野でも高い割合を示している。欧州では1996年に4大航空会社の協力でHuman factors諮問グループが結成され、ノンテクニカルスキルの研究をスタートさせた。CRM（クルーリソースマネージメント）として現在は欧州航空安全機関（合同航空機関が前身）の要請で乗務員へのノンテクニカルスキル教育が義務化されている[2)]。

このCRM訓練は「コクピットにおいて利用可能なリソースを有効に利用して、いかなる事態に直面しても最適な意思決定ができる訓練」である。

1982年の羽田空港沖での日本航空（JAL）機の逆噴射墜落は機長の不適格な能力が一番の原因であったが、権威勾配というコミュニケーションの要素が働いた。1994年の名古屋空港での中華航空機の墜落炎上は乗員による自動操縦装置の誤操作で、機長が操縦桿を手動で操作することにより自動操縦が解除されると思い込んでいた可能性があった。日本国内の日本の航空機での死亡事故はすでに29年間、0（ゼロ）件を維持している。

その頃からノンテクニカルスキルの教育は医療分野、原子力発電分野でも実施され始めた。「航空運航システムにおける時間制約下でのヒューマンエラー防止に関する研究」（川辺ら，2004）[3] は2001年静岡県上空で発生した航空機のニアミスに関する論文で、協調作業の利点である人的冗長性が機能しなかったことに注目し、将来の予測を含む状況認識を持つ必要があることが示唆。パイロットのメンタルモデルと実モデルの照合過程を支援する手法を開発した。

また、原子力発電分野へのCRM訓練の支援として「高信頼性組織の実現のためのオペレーター支援方策に関する研究」（石橋ら，2010）[4] の論文で発表されているように、ノンテクニカルスキル起因のエラーの発生の可能性を低下させる試みが実施されている。

1－3　海運分野の取り組み

航空分野ではノンテクニカルスキル教育全般をCRMと呼び、海運分野ではブリッジ・リソース・マネージメントの頭文字を取ってBRMと呼んでいる。船橋内（ブリッジ）には船長、三等航海士から一等航海士が配置されており、入出港や離着桟時のみならず、通常運航中においても配置者同士の変化してくる船舶周辺状況の把握およびその情報に基づく良好なコミュニケーションが隙やミスのない安全で効率的な運航を達成することを目的としている。航空分野と同じように国際的な取り決めでノンテクニカルスキル教育が義務化され、ブリッジで利用できるあらゆる資源（リソース）を有効に活用しBRMが運用されている。

シンガポール海峡など狭い海峡や東京湾内など密集水域での運航では多くの海難事故が発生して、尊い人命が亡くなっている。第３章３－４項では潜水艦「なだしお」と遊漁船「第一富士丸」の衝突事件について記述している。狭くなくても荒天での多くの座礁事故で積荷の重油が海洋汚染を引き起こした。1989年３月にアラスカで発生したエクソンバルディーズ号原油流出事故は海上汚染の歴史上最大のもので、20万㎥の積荷重油の５分の１が流出した。

狭い海峡や密集水域での船舶運航は化学プラントにおける起用停止あるいは緊急対応時の状況に近いが、インターロックや安全弁などの安全装置等のセーフティネットの寄与が少ない分、ミスが生死に直結しやすいように思える。

事故になれば航海士自身と乗務員の人命、および積載物（大型船は数百億円にも達する）に直結するという強い責任感が教育訓練への積極的に姿勢になっている。お互いに海上に見えてくる他の船舶情報の共有化と事故を回避する言いやすい雰囲気作りなどお互いにカバーしたり、コミュニケーションをとって確認することが訓練においても意識づけられている。

1-4　化学分野での動き

化学プロセス産業においても同じようにノンテクニカルスキルも原因である組織事故が繰り返し発生しており、2011年からの4年間は重大な事故が続いた。技術的な技能でないルールの不遵守、声かけの重要性、権威勾配の克服、言い出す勇気などコミュニケーション不全が原因の一部を構成したプロセス事故も多発している。**表1－2**は主な重大な事故と関係するノンテクニカルスキルの要素である。技術的な直接原因・背後原因はすでに多くの方々が記述しており、一方の

【表1－2】 事故と関連したノンテクニカルスキルの要素

発生年	事　故	関連したノンテクニカルスキル
2011	東ソー 南陽事業所	状況認知と判断，緊急時の意思決定に関する コミュニケーション，規律遵守性
2012	三井化学 岩国大竹工場	状況認知と判断，言い出す勇気と相談に関する コミュニケーション，規律遵守性
2012	日本触媒 姫路工場	状況認知と判断，責任の分散に関する コミュニケーション，規律遵守性
2014	三菱マテリアル 四日市工場	状況認知と判断，責任の分散および情報の 開放性に関するコミュニケーション，規律遵守性

原因であるノンテクニカルスキルの視点からの再発防止策はあまり論じられていない。

国内の過去の大きな事故の事故進展フロー図を読むと[5)]、1973年だけでも「デコーキング用の空気の元弁の位置は近くの計装用空気の元弁でなく100m離れた方だよと言ってあげておけば良かった」あるいは「遮断弁コックが閉であれば赤テープで印をつけることになっていたが、誰も確認しようとしなかった」ということが反省として挙げられている。AGC旭硝子千葉工場でも「あのときに相談すれば良かった」、「手順書から逸脱したことが提案されたが、職長がそれはやめておこうと断れば良かった」が原因の一つになった事故がある。

産業事故の撲滅に向けての経済産業省の「産業構造審議会保安分科会報告書」(2013年4月2日)[6)]では、企業は従業員へのキメの細かい教育訓練が必要であると提案されており、業界団体ベースでの行動計画の内容については企業の教育訓練の支援や企業の産業保安活動に関するベストプラクティスの共有が重要であると述べられている。

更に、特定非営利活動法人安全工学会が経済産業省から委託を受けた現場保安力維持向上基盤強化事業の成果「平成25年度現場保安力維持向上基盤強化事業報告書」(2014年4月)[7]のヒアリング調査結果の項目には次のように記述されている。

「安全教育の分野では多くの良好事例が紹介されており、その中に知識偏重ではない教育を目指している事業所が複数見出された。その教育に期待される効果としては危険感受性を向上させ、危険敢行性を抑制し、危険源の特定においても想像力が高く、安全志向型の人間育成を目的としていた。特に、人間行動面も含めた評価やプログラムを導入することで、人間面の行動様式など間接的で潜在化している要因の影響を緩和していくことによりヒューマンエラー防止対策を進め、ひいてはプロセス事故防止を図っている。」

重大事故防止のため、正しい状況認識とその解釈に基づく予測判断、規律遵守性の向上、声かけの大切さ、適正な権威勾配、言い出す勇気など、人的要因の中でもノンテクニカルスキルの教育が化学プロセス産業においても求められている。

成熟したプラントの装置・設備面での事故の芽はほぼつぶ

し終えており、ヒューマンファクター起因の事故を防ぐための「人づくり」の取り組みに軸足が移行しつつある。これはまさにノンテクニカルスキル教育を重視し始めた兆候であると言える。高度な技術的専門性を要する作業ではかえってノンテクニカルスキルがその土台として運用をスムーズに推進させる。

1-5　ノンテクニカルスキルの必要性

石油・石油化学・化学の分野は多くの旅客や貨物を運んだり、手術をする分野ではないが、危険物・高圧ガス・毒劇物というリスクの高い物質を扱う。近年の大事故の発生はノンテクニカルスキルの不足も原因だった。およそ30年前からノンテクニカルスキル原因がテクニカルスキル原因を逆転している。ノンテクニカルスキル教育は航空業界から始まり、海運、医療、原子力分野に広がっていることを述べた。ノンテクニカルスキルの必要性はある特定の産業やある特定の職位の人に限定されるものでなく、旅客輸送業界や産業界においても今や体系的な教育が必要になってきたと言える。

テクニカルスキルで設備を運転する（あるいは保守する）組織集団および個人には、基礎としてこのノンテクニカルスキルが業務執行で大きな位置を占める。第10章現場で醸成できるノンテクニカルスキルで詳説するが、日々の業務でノンテクニカルスキルが担保される「何か」が培われていれば、その組織のノンテクニカルスキルのレベルは高い。

航空業界が解決していったように日本の産業界も適合化作業（注：先行者の手法あるいは定型プログラムを自社の教育需要に適合化させて自社専用のプログラムを作成して実施）を経て、体系的なノンテクニカルスキル教育が必要になってきたと思われる。それぞれに事業所では組織の風土や慣習の違いで、先行者の手法をそのまま取り入れて良い場合とそうでない場合がある。必ず適合化作業後、ノンテクニカルスキル教育を始めるのが良い。

その事業所の事故分析結果からどのようなノンテクニカルスキルの要素が不足したのか把握し、どのカテゴリーや要素の教育がその事業所に必要なのかを考えて、その事業所に適合したプログラムを作成することが導入時からスムーズにノンテクニカルスキル教育をスタートさせるポイントとなる。これを適合化作業と呼ぶ。

状況認識やコミュニケーションの基礎を教育する場合においても、挿入する事故事例は従業員にピンとくる自社のものが良い。先行者の定型プログラムに記載されている「遠い」事例は好ましくない。一方、加工したり、変更したりする必要なく使えるのが第９章で述べる行動特性評価の手法である。これは変更しないで使用することで、他社との比較、他業界との比較ができるメリットが発生する。このように適合化作業を経たぴったりくるプログラムに沿って教育された従業員の気づきは深くなる。ノンテクニカルスキル教育を担当するインストラクターはノンテクニカルスキルの浸透のため重要な役割を持つ。第12章インストラクターの要件においてプログラム作成能力や熱い想いなどを詳説している。そのような教育によって事故防止に根本的に貢献するものと思われる。

設備運転の技術伝承など技術的な能力の向上には力を入れてきた企業は多いが、ノンテクニカルスキルの教育を体系的に継続して実施できている企業は少ない。その重要性を指示するトップマネージメントの存在およびそれを受けて教育を企画するインストラクターの力量が不可欠となる。この両方が揃わないと始めることも継続することもできない。

この教育を継続するとノンテクニカルスキルを磨くことが事故撲滅に貢献するということが痛感できてきて、さらに次回の教育プログラムに受講者の振り返りシートに記述された要望や感想、企画側の反省が反映できる。技術的な能力と対峙するものではないが、ノンテクニカルスキルとは状況認識、挨拶・応援要請・権威勾配の克服・声かけなどのコミュニケーション、リーダーシップなどヒューマンエラーを防止して安全を確保していくために現場（運転員のみならず指示する立場の者も含む）がもつべきスキルと定義されている[1)]。

1－6　ノンテクニカルスキルの向上曲線

テクニカルスキルは小学校での算数・理科、中学校での数学・理科そして高校での化学・物理（普通科では学ばない科目もあるが）を学び、採用試験を受けて入社、新入社員基礎教育を受け、配属され、その部署のプラント教育を受ける。３カ月で試用採用期間が終わり、その後プラント運転の実習に入り、６カ月後くらいに部署の認定試験に合格してプラント運転の一担当を任される。入社してから２、３年のテクニカルスキルの向上速度は会社人生の中で一番大きく、急激にテクニカルスキルのレベルが上がる。上がるように本人も周りも努力している。この期間でプラント運転の基礎を修得し、次第に運転経験を積んでいく。

一方、ノンテクニカルスキルの基礎は幼少期の家族、主に母親との愛着活動で性格や行動特性の基礎が形作られていく。人間の成長の中で５歳になるまでの家庭における生育環境がノンテクニカルスキルの基礎を作る上で大きな影響を与える。その時期、その時期に形成されるべき能力が発達不良となると、取り返すにももうその時期は過ぎておりその時期に修得する次の能力の時間と重なり、両方が満足できる発達を遂げるには努力を要する[8)]。

そして少年期から青年期にかけて社会性が養われ、共感性の発達もこの時期である。発達心理学は生まれてから成人になるまでを扱っていたが、生涯発達心理学は、成人期や老年期から死までを含む人の一生を扱う心理学の一分野となっている。豊かな人生を歩む上で人間の成長の中で一番大事な時期は５歳になるまでの５年間であると言われている。2000年以上前に哲学者アリストテレスは「我々が幼少期に形成した習慣は非常に大きな違いを生む。すべての違いはそこから生じる」と言った。

図１－１はノンテクニカルスキル（NOTS）とテクニカルスキル（TS）の概念的な成長曲線を示す。

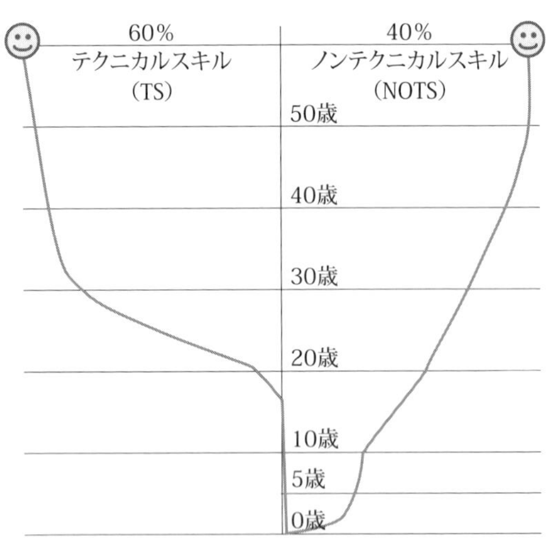

【図１－１】 ノンテクニカルスキルの向上曲線

菅原ますみ氏（国立精神・神経センター精神保健研究所）が行った15年間・270家族の調査によると、問題行動の発達過程は５歳くらいまでは子供自身の問題行動が先にあって、次に母親の否定的言動、厳しい育てや愛情の低下が起こる。そして８歳を過ぎると子供自身の問題行動への母親の否定的言動などが子供の問題行動に影響し始める、すなわち問題行動を促進してくる。その後、愛着に陰りがでて、悪循環が生まれる。

その問題行動の発達を防ぐものとしては、家族の良い関係を子供が見て育つということ。幼児期に問題行動を起こしていても児童期になって、問題行動をしなくなった家族のグループは父親の良い養育態度と母親が父親を信頼している姿勢があった。家庭内暴力の家族ではこの逆のことが起こって

いるのだろう。

問題行動は幼児期から続くと思われるので、早いうちから父親や公共機関のサポートが必要で、学童期には教師、カウンセラーなどの指導が必要となってくる。採用試験の面接ではすでに筆記試験を通過しているので、入社後に不統制行動すなわち事故を起こしやすいかどうかを人物判断するのは難しい。入社後のメンターによる教育が重要であり、その後のノンテクニカルスキルの向上を左右する。

表１－３は子供の脳や行動の発達に影響する要因を示したものである[9)]。遺伝的な要因もあるが、核家族化や地域社会との付き合いも減り、他人とのコミュニケーションの学習機会が減ってきており、子供たちが外で集団で遊ぶ経験も少なくなってきているので、ますますノンテクニカルスキルの形成に少なからずブレーキとなっていると思う。

女子では、幼少期の母親への愛着がアンビバレントな型である場合や、父母間の愛着にズレが生じている場合に不登校傾向が高まる傾向が示された。女子はこうした家族内における情緒的不安定性への感受性が強く、不登校傾向を示しやすいと言える。

10代の若者は子供や大人より危険な行動を起こしやすい。感情を司る大脳辺縁系の発達が思春期の開始頃の10歳から12歳に急激に発達し、それに対して衝動的行動を抑制する前頭前皮質がそれより10年後の20歳から25歳に成熟する。

【表１－３】　子供の脳や行動の発達に影響する要因

要因	内容
①遺伝要因	受精卵の生理学的特性（主として遺伝子） ひとつだけの遺伝子では性格などは決定されない 多くの遺伝子が複雑に関係している
②化学物質環境；生まれる前	子宮内部の環境（栄養など）および毒性化学物質 環境ホルモンによる妊娠第５週での胎児の性分化時のメス化 妊婦の喫煙の影響、カネミ油症事件 母親に甲状腺ホルモンの低下があるとクレチン症となり知能障害発生 スラムの有色人種のIQが低いのは生まれつきでなく母親の栄養状態が悪い
③化学物質環境；生まれた後	食べ物・水・大気・住居などの環境および毒性化学物質 プラスチック製哺乳瓶の使用、農薬を多く使った野菜、脂肪摂取率の高さ、交通量の多い道路に面した住まい
④外界からの感覚刺激；一般に誰にでも共通	母親との接触など、通常の子でも同じように起こる経験（人間関係も含む） 子供たちが集団で遊ぶ経験 他人とのコミュニケーション学習機会の減少 核家族化、少子化、地域社会とのつきあいの減少 英国の運河ボートの限られた生活環境の６歳児のIQ90、７歳で77、12歳で60
⑤外界からの感覚刺激；個人で異なる	個人で異なる経験（人間関係も含む） どのような教育を受けたかなどの違い
⑥精神的外傷（トラウマ）	後で心理的な障害を起こす異常な体験 附属池田小学校事件のような例

この10年の時間差が若者に大脳成長のアンバランスを生じさせ、危険と認知できず予測しないで行動させてしまうや衝動的な言動をさせてしまう。青年期はこのアンバランスの中で生きており精神面での脆弱性があり、不安障害や双極性障害、うつ病などの発症率が高い。米国の精神疾患の50％は14歳までに、75％は24歳までに発症している[10)]。

前頭前皮質の大きな特徴は、起こりうることを頭の中で想像して未来予測できることで、これが発達途上ということはまだ何が危険か？こうしたらどうなる？という予測能力が未熟であることになる。日本における2008年の建設業における労災度数率が他の年齢層に比べて若年層が一番高い（**図1－2**参照）[11]。

外国においても同様の度数率と推測する。

第9章行動特性評価の実際で述べる年代別の社会的側面から判定する特性：①遵守・規律性、②安全態度、③安全志向の要素および性格的側面から判定する特性：①情緒不安定性、②衝動性、③自己中心性の要素の評価でも、顕著に若者の安全態度と情緒不安定性がその他の年齢層に比べて突出しリスキー側の割合を高く示した（**図1－3**参照）。

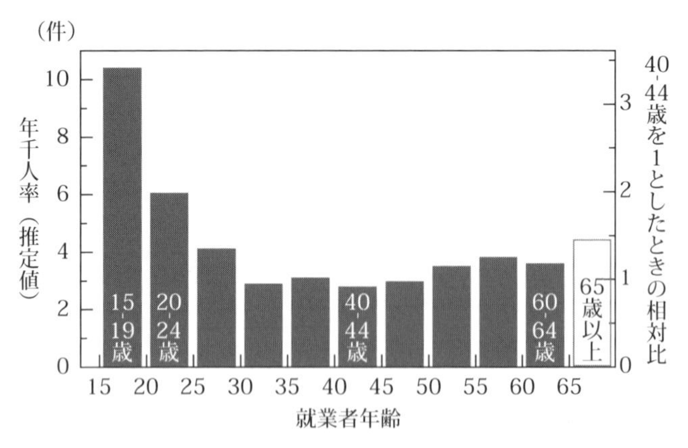

【図1－2】 建設業における労災度数率（2008年）

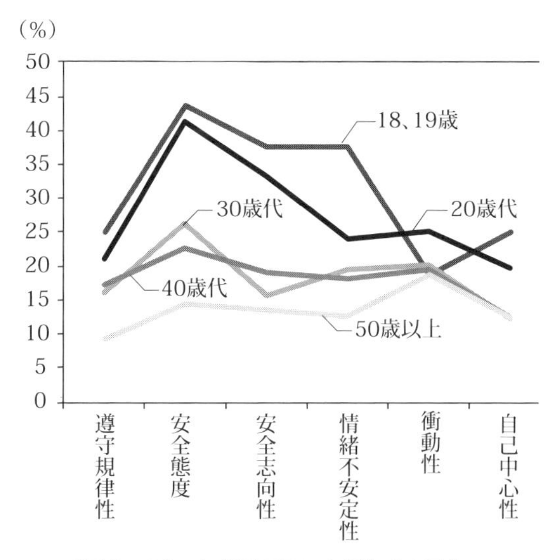

【図1－3】 年代別Cランク保有者の割合

また、行動特性評価として危険感受性を測定したら（同時に危険敢行性も評価しているが）、入社5年未満の若者の70％が危険感受性の弱い領域に分布した。AGC旭硝子千葉工場では、当時労働災害の3割は30歳未満の運転員から発生していて、度数率が他の年代より高かった。

米国では10代の死因1位は交通事故で半数（日本は42％）を占める。

こういう脳の発達特性を知って、思春期の子供を持つ親は家庭で、教師は学校で、そして新入社員が入社してきた職場の上司はあるいはメンターは建設的に話し合って、いい方向づけをしてあげるのが望ましい。25歳まで不統制な行動もなく良い成長ができれば社会全体のためにもなる。

1−7　非意図的ノンテクニカルスキル教育

入社してからは早くプラント運転ができるよう、テクニカルスキルの修得が学習時間の大部分を占める。その学習期間も意図せずにノンテクニカルスキルの修得も行われている。新入社員に教える先生はそのプラントの手順書の教育だけでなく、そのプラントを運転するのに必要なノンテクニカルスキルの状況認識やコミュニケーション、意思決定なども教えている。その教育で状況認識という言葉は出なくても、「過去においてこういうことがあったので、温度上昇を確認するステップがこの作業手順書に追加された」と言えば、状況認識の中の第一段階である“情報の収集”の仕方を教えたことになる。

「いつもと違うことがあって、迷ったら相談してくれ」と言えば、ノンテクニカルスキルの状況認識の第二段階の“情報の解釈”ともう一つのカテゴリーである“コミュニケーションの報告・相談”を教えたことになる。このように作業手順書を教えているときにテクニカルスキルと同時にノンテクニカルスキルも教えている。その教えるレベルに組織の雰囲気や安全文化が影響している。次の教える場面で例示する。

反応器のスタートアップ時、原料ガスの流量コントロール弁の一次弁（前弁）を開ける操作においても、制御室側で流量コントロール弁のMV値がゼロでなければ（完全に閉まっていなければ）一次弁を開けていく途中で流量コントロール弁を通過するガスの摩擦音が聞こえ、制御室側で流量コントロール弁のMV値がゼロでないことを察知できる。

状況認識の中で最初のステップである情報の入手がガスの摩擦音が聞こえるであり、第二ステップの“情報の判断”では、この場合は制御室側で流量コントロール弁のMV値を0（ゼロ）にしているはずだったのに実際は何％かになっているのではないかと理解したことである。

第三ステップの“未来予測”はこうなる。反応器のスタートアップのスタンバイ状態で一次弁を開けて原料ガスが反応器に入っていくのは爆発の危険があるので、直ちに一次弁を閉めて制御室でMV値の確認をする作業をする。これら一連の作業は新入社員にはハードルの高い作業であるが、先生が過去事例や危険源特定の話をして五感を働かせて用心深くなる教育をしていると、新入社員は周辺状況にも注意しながら作業ができるようになる。この新入社員は５年後、もう新入社員でなくなるが、入社してきた新人社員に同じように教えられるだろう。部署でノンテクニカルスキルのレベルの差がついてくるのはだいたい教えられたとおり教えていくものなので、作業手順の内容を裏付けているその深さや幅は伝承されていく。教える側のノンテクニカルスキルのレベルが高いと教えられた側も高くなる。その高いレベルで状況認識力やコミュニケーション力を教えているのだから、教えられる側もいい教育を受けたことになる。逆に、教える側が「1回教えたことは忘れるな」とか「何度言ったら覚えるのか」など厳しい態度をとる権威勾配の高い上司だと教えられる側は委縮し、相談などのコミュニケーション能力に影響する。教えられた側が権威勾配が高くなくても、その人が5年後に教える側に変わったときには、このときに受けた教育を思い出すだろう。教え方の連鎖が起こる。

1-8　ノンテクニカルスキルの体系図

ノンテクニカルスキルのカテゴリーは七つあり、そのうちの重要なカテゴリー（五つ）を**表1－1**に示した。残り二つはストレスマネージメントと疲労への対応である。本書ではこの二つは積極的に章立てせず各章の文脈の中で少し触れる程度にした。東京大学田村昌三名誉教授が作成されたノンテクニカルスキルの体系図を**図1－4**に示す。安全衛生マネージメントシステムOHSMS、品質管理マネージメントシステムQMS、高圧ガス認定事業所対応のマネージメントシステム、そして環境管理マネージメントシステムEMSという大きな四つのマネージメントシステムではそれらのしくみの中

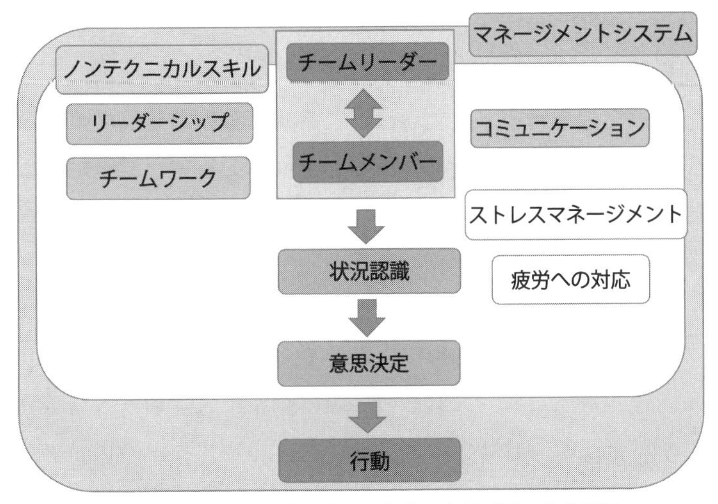

【図１－４】 ノンテクニカルスキルのカテゴリーの体系図

で方針伝達、目標管理、緊急時対応、文書管理、日常管理の業務は体系図で示すようにメンバー間のコミュニケーション、状況認識そして意思決定後の行動で実現されている。他には概念化スキルも挙げられるが、マネージメントシステムはノンテクニカルスキルとテクニカルスキルの両方で活動が支えられている。

1－9　ノンテクニカルスキルと安全文化との関係

職場は三つの構造で成り立つ。

ハード構造を構成する要素は、経営方針やその部署の管理計画、制度・規定・しくみなどで職場の骨格を成し、その職場の基本的なハードな特性を特徴づけている。

中間構造を構成する要素は、作業手順書やその職場の前例や慣行などのやり方であり、ハード構造の規定など絶対的なものでないが、その職場でコミュニケーションや意思決定の際、伝承されているやり方である。

ソフト構造を構成する要素は、行動特性、価値観、思考パターン、能力で、能力にはテクニカルスキルとノンテクニカルスキルが当たる。これらの要素は相互に入り込みあっているが、例えば行動特性にはノンテクニカルスキルの状況認識力が該当し、安全態度や危険敢行性などの特性は価値観由来となる。安全基盤はハード構造に属し、安全文化は中間構造に属し、運転員レベルや運転員が作り上げた職場の雰囲気はソフト構造に属する（**表１－４**参照）。

安全工学会保安力向上センターが推進する保安力の自己評価は主にハード構造（一部中間構造の要素含む）を対象にしているもので、システム構築や運用などマネージメントやその管理能力を評価している。一方、本書の対象としているノ

【表１－４】　職場を構成する三つの構造

ハード構造	経営方針、管理計画、制度・規定・しくみ
中間構造	作業手順書、前例や慣行
ソフト構造	行動特性、価値観、思考パターン、能力

ンテクニカルスキルはリーダーシップなど一部マネージメントにも該当する要素を除けば、ほぼソフト構造を構成する要素で、ハード構造や中間構造の要素を日常的に執行する運転員側のスキルとなる。

しくみができていて、管理運用する管理者側の運営力があり、さらにそれを事故もトラブルもなく実行するボトム側に位置する現場第一線の運転員の職務遂行力との歯車がかみ合い、その両輪がバランスよく回って、プラントは事故もなく運転される。

職務遂行力は大きく分けてテクニカルスキルとノンテクニカルスキルの融合でうまくいく。

第２章状況認識で述べる定型作業の割合の多い職場では、作業の構造化が進み、コミュニケーションの単純化も進行し業務の安定化や効率化が進んだが、運転員には思考や行動・言動をワンパターン化させる副作用がある。

そしてこの副作用が長年続くと、それは個人レベルから始まっていた変化がやがて集団レベルに広がる。作業の標準化や構造化はそれ自体悪くなく、もともと集団に良い結果をもたらしてきた。しかし、リーダーはこの副作用による職場の変化に気づき、硬直状態からの脱却のため運転員の行動特性を変革する必要がある。自分の預かる職場にいては気がつかない。気づくのは他部署との比較という自部署認識が有効である。

参考文献：

1）　南川忠男，化学経済4月号，化学工業日報社（2015）
2）　Rhona Flin（小松原明哲訳），現場安全の技術ノンテクニカルスキル･ハンドブック，海文堂出版（2012）
3）　川辺晋作，航空運航システムにおける時間制約下でのヒューマンエラー防止に関する研究（2004）
4）　石橋明，High Reliability Organization 実現のためのオペレーター支援方策に関する研究（2010）
5）　田村昌三，化学プラントの安全化を考える，化学工業日報社（2014）
6）　経済産業省，産業構造審議会保安分科会の報告書（2013）
7）　経済産業省，平成25年度現場保安力維持向上基盤強化事業報告書（2014）
8）　五十嵐哲也ら，教育心理学研究，Vol.52，No.3，pp.267-276（2004）
9）　南川忠男，化学物質講座，ちば環境情報センター（2004）
10）Jay.N.Giedd，10代の脳の謎，日経サイエンス 2016 年３月号，pp.37-42（2016）
11）三浦　崇，労働安全衛生総合研究所 電気安全研究グループ，報文（2014）

第2章

状況認識

2-1　状況認識の三段階

「状況認識」は次のコミュニケーションや意思決定に移るまでのノンテクニカルスキルの第一カテゴリーで三つの段階で構成されている。その第一段階は情報の“入手”で、何が起こっているか自分の周りで起こっている状態の変化に気づくことである。意識的に入手しようとしなくても入ってきて、五感で感じる情報もあれば、意識して取りにいく情報もある。労働災害発生は危険を危険と感じる感性である危険感受性が左右する。労働災害やプロセス事故防止には、整備された事故記録集やヒヤリハット集に蓄積されている経験や知恵の情報が活かされる。潜在危険を見つけ出す能力も日頃からのリスクアセスメント活動で培われる。

次の第二段階はその入手した情報を“理解”して解釈し、何が起こっているか把握する作業となる。経験の少ない運転員や思い込みの強いベテランは理解能力が小さい。自分がどのような思考パターンを持っているか把握できると思考の偏りを抑制できる。これくらいならまあいいやと深く考えることをしない傾向や見たことにすぐジャンプして判断してしまう習慣があれば、そういう自分であると認識しておくことがいったん立ち止まって考える上で重要である。

応用編で述べるスローガン「自己を知る」の実践編では、社会的な側面や性格的な側面を測定して自覚を促進して行動特性を把握して事故防止につなげた。どのように情報を理解・解釈する人間なのか知っているのも大事である。

最後の第三段階はその理解・解釈に基づく“予測”である。その変化に対応するよう未来予測することで、プラントであれば、例えば温度上昇のトレンドから判断してさらに圧力も上がる悪い方向にいくと予測することになる。この第三段階では個人で予測することもあれば集団でコミュニケーションをとって、より良い予測をすることもある。予測能力は問題意識を高く持ち、考える力と知恵の伝承で決まる（**表2－1**参照）。

状況認識はノンテクニカルスキルのカテゴリーの中で一番重要である。正しく情報を収集しても予測に失敗することも

【表2－1】 状況認識の三段階

第一段階	情報の入手
第二段階	情報の理解
第三段階	情報から未来予測

あれば、せっかく収集した情報がありながらわずかな兆候を軽く見てそれを見逃し、その情報を重要視していればあのような判断はなかったということがある。あるいは思考バイアスがかかり、見えているのに脳では見えないフィルターがかかることがある。過去の経験からそのようなことは起こりえないと考えると情報を選択入手してしまう。集団で判断する場合、進言された悪い状態を正常化のバイパスや多数の無知の働きで、誤ることがある。ノンテクニカルスキルを働かせる中で、第一カテゴリーである状況認識は情報の共有化や集団での未来予測など第一段階から第三段階までそれぞれの段階で、ノンテクニカルスキルのもう一つのカテゴリーであるコミュニケーションと密接に影響しあう。そして適切な状況認識活動と良好なコミュニケーションの中で次の意思決定へとつながる。意思決定にもいろいろ落とし穴があるので、(詳細は第４章参照) 正しい意思決定をすることでようやく個人あるいはその集団は正しい行動を実施できる。作業をする上で状況認識のこの三段階をその都度意識はしていないし、コミュニケーションを経て意思決定されるフローも意識していないが、最終的には状況認識から意思決定まで大脳が高度な情報処理をしているのだ。

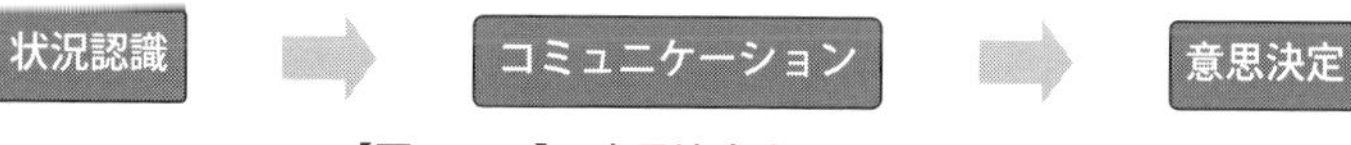

【図２－１】　意思決定までのフロー

Endsley（1995a, p.36）は状況認識をこう定義している。「時間と空間の広がりで周りで起こっていること（環境）の認知、それの理解そしてその近い将来における予測」。

2-2　状況認識の第一段階「情報の入手」

省力化・自動化でプラントの運転はますます少人数で担当することになり、メンバーの役割も決められ、作業手順や段取りも明確に決められて、構造化が進み、業務の安定化や効率化が進んだ。一方でその活動が定型化し、ルーティンなワンパターンに変化して、運転員の思考や行動・言動をワンパターン化させる。それは個人レベルから始まり、長年勤めるベテランほど強い傾向となり、そして集団レベルに広がる。特に作業手順書を守ることがGMPで強く規定されている医薬品製造業務では自分の頭で考えることに消極的になってくる。リーダーは他部署と比較するとこの傾向を把握できる。

その定型化の影響は状況認識においても現れてくる。そのくらいのことは言わなくても知っているだろう（情報入手しているだろう）とか、以前もうまくいったのだから今回は少し状況が違うがうまくいくだろうと思い込んでしまい、正しい状況認識が阻害される。

この状況認識の第一段階は情報の入手の能力で決まる。次の段階に影響を及ぼす情報には現在入手できる情報と入手できていない情報があり、現在入手できている情報でも目的意識が低いと馬耳東風となるし、情報感性が良い人はこうなっているのではないか？こういうことが起きるのではないか？という自問して推論の実証に役立てる入手できていない情報を探索する。過去にどのようなトラブルが発生していたか、そしてそれはどのように解決されたか、多くの情報が事故記録集やヒヤリハット集に蓄積されていると、未知の状況においても、類似点・相違点を発見しそれほど正解から遠い意思決定をすることがない。

また、日頃からリスクアセスメントを実施していると潜在的な危険源を見抜くプロセスが運用できており、危険という情報を掘り出せる力が養われる。それによって、未知の事象に対しても、冷静に通常のリスクアセスメントの手法で危険情報を入手できる。この逆を実施すれば意思決定が失敗する。失敗しない場合もあるが、それは情報が不足していても入手できている情報だけを頼りに直観や感性を働かせ、高度に判断できた場合である。失敗理由は状況認識の段階で必要な情報が集めることができなかったことだ。

例えば、2012年４月、山口県で起きたレゾルシン製造プラントでの爆発事故の場合、インターロックを切った後、反応塔上部での反応熱除去ができているか自問すると、入手したい情報としては反応塔上部の温度情報が欲しかったことになる。温度情報があればその何分後に警報（ハイアラーム）

が鳴るので異常を検知できた。温度の前にインターロックを切った情報が制御室内の部署長らスタッフに共有できなかった。同じように2012年９月のＮ社でのアクリル酸タンクの爆発もタンク上部の温度情報があればルーフ循環という意思決定をしていたかもしれない。

2011年11月の周南地区での爆発の場合、あまりに多くの警報が制御室で鳴ってアラームフラディング状態になっていたので、蒸留塔の重要なある温度上昇を見過ごした。いずれの事故もその作業決定が生み出すリスク情報が認識できず、状況認識からコミュニケーションを経て意思決定の一連のどの段階でも失敗した（**図２－１**参照）。

繰り返しになるが、状況認識はノンテクニカルスキルのカテゴリーの中で一番重要である。

スイスチーズモデルでは４Ｍの４枚のチーズのどれか１枚でも穴がふさがっていれば事故は起きないが、状況認識活動で穴が開いていると、だいたい誰も気がつかず無防備にカパッとスカスカに開いているので、コミュニケーション活動や意思決定で食い止めようともスカスカ穴からの事象進展圧力でコミュニケーションや意思決定の小さな穴も事故原因がすり抜ける。そして事故後、多くの後悔が残る。

情報の収集がうまくいかない例として、

- 情報が入手できない
- 情報を入手するのが難しい

- 情報を探すことができない
- 情報を誤認した

が挙げられる。

2－3　状況認識の第二段階「情報の理解」

次に、第一段階で入手した情報を理解・解釈し、何が起こっているか把握する作業となる。この段階では多くの時間がかかり、特に緊急事態時は短い時間で状況認識から意思決定までを実施することが求められるので、ストレスとプレッシャーがかかる。入手できた情報と入手できていない情報がある。往々にして入手した情報だけで理解することが多いが、よく考えて、正しい理解・解釈のためには入手できていないが今から入手しなければならない情報をこの段階で収集あるいは探索に向かいたい。経験の少ない運転員や思い込みの強いベテランは理解能力が小さい。自分がどのような思考パターンを持っているか把握できると思考の偏りを抑制できる。

2－3－1　いろいろな錯覚

人間には困った性向がある。それは自分の考えに都合の良いように物事を見てしまい、自分の考えと辻褄が合う証拠ばかりを見たがる。限られた情報を元に結論に飛びつく傾向もある。それ程難しくない作業でも労災防止やプロセス事故防止のためにやるべきことを教育や演習を通じて学び、意識としてわかっても実際に現場でそのようにできるとは限らない。

また、人間は首尾一貫性を保って行動を決めていないと言われている[1)]。

19世紀の英国の作家ジョン・ラスキンは「一般に思い上がりがあらゆる重大な過ちの根底にある」と述べていた。このフォーマットで「思い上がり」という言葉を「思い込み」に置き換えても同じことが言える。

2-3-2　多くの錯覚

（1）　妥当性の錯覚

妥当性の錯覚とは、前回手順書から外れたことをしたが、自分では思惑どおりうまくいったことを自分の判断に妥当性があったと錯覚し、今回も手順書から外れたことをしてもうまくいくだろうと思い込むことである。これが固定化していったメンタルモデルは、いわゆる負の成功体験のスパイラルをもたらす。いつか最後に大きな事故を起こす。

（2）　スキルの錯覚

例えば、穏健で実直な職長はいつも正しい指示を出し班をリードし、部下から信頼されていた。その職長は今回は少ない情報で誤った指示を出したが、部下はいつもと同じように疑念を挟まず実行して怪我をした場合があてはまる。

（3）　主観的自信

思い込みを強固にしていくのは主観的自信の積み重ねである。判断のバイアスにとらわれる人はどんな人だろうか？上面だけでの思考は怠け者思考で、このような思考者はじっくり考える思考が欠けていて合理性も欠けている。思いついたことを何も考えずに反射的に口に出したり、遅い回転体でも手を入れてはいけないと教育されていても怪我をするタイプであろう。言動や行動の前に我慢することができない。早合点もこれに属する。また、ベテランの思い込みは頑固である。過去に実施したことには因果関係を付けたがる傾向にあるので、きまりを守らなくてもうまく進行した理由を後講釈をして、信じ込む。それがエピソード記憶として刻まれ、その次に似たような作業場面になった場合、その自信過剰が生み出した記憶が事故を招いている。これはあちらこちらで発生している。

2-4　状況認識の第三段階「未来予測」

最後の第三段階は、第一段階での情報入手、それに続く第二段階の理解・解釈に続く、状況認識の仕上げの段階である。入手した情報からの理解・解釈に基づく予測である。第二段階でこういうことが起こっているのではないか？異常反応の兆候がでてきているのではないか？と解釈した後、今後どのようなことが起こるのか、その変化に対応するよう未来予測することである。何通りかの予測シナリオを作って選択肢を用意する場合もあれば、やるかやらないかの未来予測もある。未来予測でうまくいかなかった理由（第4章で述べる意思決定がうまくいかなった理由とも同じになる）は、

①過去の経験や先入観（思い込み）にとらわれる
②論理的に考えず、結論に飛びつく
③自分の主張にこだわって他人の意見を取り入れなかった
④何が問題か明確にせず考えた
⑤曖昧な情報をもとに予測した

⑥ネガティブな感情
⑦上位者の権威勾配（時々大きな声の意見が通る）
⑧責任の分散

上記８点の失敗が発現しないようにするためには、組織全体で予測能力を向上させる必要がある。重大な予測が属人的であればあるほど、①から⑧までの原因が頭をもたげてくる。③⑦⑧はコミュニケーションとも関係し、職場の雰囲気および上位者の特性から影響を受ける。情報収集も理解・解釈も集団で相互依存的にお互いの弱みを補完しながら、論理的に進展シナリオを考える。

複雑な事象でも80％以上は以前に出現したことの再発であるので、いかに過去の知識を知っていて活用できるかである。そのため、事業所では水平展開活動を実施している。この活動の意義は自部署ではこのようなことは起こらないのか？自分も同じようなことをしないだろうか？と自問自答力を鍛えることである。職場会議や主任会議で当事者意識を強くして、水平展開活動をやっている部署は事故対応（未然防止から被害最小化も含む）に強い。

第12章インストラクターの要件で述べる、その気にさせるファシリテーターが職場会議で他部署の事故を聞いていて意見交換をする運転員を活性化できる。こんなとき、あなたならどうする？と緊張した声で話すのもテクニックのひとつである。

AGC旭硝子千葉工場のある部署の反応器のスタートアップ作業のリスクアセスメントワークを見学したときに、モード切替時のチューブブローについて年長者が語り部となり、自分の若い頃に起きた反応器トラブル対応について若手に語っていた。若手は「そんなことがあったんですか？」と尋ね、どう対応したかについて頭に入れたいと感じた。リスクアセスメントリーダーはこの語りが10分かかっていても、先を急ごうとせず、知恵が伝承されていくのを聞いていた。

平時の未来予測に使う能力と緊急時に使う能力は違う。特に緊急事態時は短い時間で状況認識から意思決定までを実施することが求められるので、ストレスとプレッシャーがかかる。

2-4-1　思い込みの10パターン

月刊誌『化学経済』（2015年6月号）で「“状況認識”は意思決定などノンテクニカルスキルの源泉」と題し、状況認識の情報処理プロセスが説明された。思い込みなどのない情報収集と、それに続くその情報の正しい理解・解釈を経て適切な予測判断でようやく状況認識は完成する。そしてその次に意思決定から行動に移っていく。直観的あるいは本能的動作もあるが、脳が決定を下して行動を指示するまでいくつもの関門を通る。この中で事故を発生させる原因のほとんどは思い込みである[2)]。

【表2－2】 思い込みの10パターン

	パターン	その特徴
1	思い込み	自分勝手
2	1か0かの考え	どちらか両極端
3	極端化	わずかな経験から
4	誇　張	大げさ
5	被害妄想	人の話に左右される
6	べきべき	べきだ思考
7	レッテル貼り	勝手な決めつけ
8	気分まかせ	感情での決めつけ
9	ダメだった	最後に失速
10	ご都合主義	いいとこ取り

ノンテクニカルスキルの七つのカテゴリーの中で状況認識が最も重要で、それに基づくコミュニケーション、チームワーク、意思決定に大きな影響を及ぼしてきた。思い込みには**表2－2**に示すように10のパターンがあり、単独でそのパターンが発現することもあれば、複合してトラブルを起こすこともある[3)]。

2－4－2　手順書の落とし穴

手順書には実施することが記述されている。最近はその手順書に過去の関連災害を付記して、このような対策をとらないと同様の災害が再度発生するという警告的な趣旨で保護具の着装基準などが述べられている。この手順書は机上で読んだり、当日の危険予知に使用されている。

しかし、ここに落とし穴がある。第1章で触れたように、教育されていてもできないときがあるのはなぜだろうか？ベテランは手順をよく知っているのにトラブルを起こすのはなぜだろうか？　これを裏返して考える能力を人間はあまり持ち合わせていない。これに解答を与えたのが2002年にノーベル経済学賞を受けた心理学者ダニエル・カーネマンである。

ノーベル経済学賞を受けたのは行動経済学での長年の研究で画期的な発見をしたからで、ベストセラーになった著書邦題『ファスト＆スロー』（原題『Thinking Fast & Slow』）に人間の思考形態の２パターンが詳説されている[4)]。

それによると、人間の思考には即断するファスト経路とじっくり深く考えるスロー経路があり、落とし穴に捕捉されるのはファスト経路の「見たものがすべて」とか「直観的」な考えをスロー経路が判断できなかった場合に発生している。限られた情報を元に結論に飛びつく傾向もある。「見たものがすべて」とか「直観的」な考えをしやすいので、過去の行動や言動と整合性がとれていなくても人間は頭を使うことを面倒がっているので、その場その場の決定をしてしまう。情報を取り込んで判断するときに上記のファスト経路においてもスロー経路においても脆弱でスキがあることを認識しておく必要がある。そして、その傾向は年齢と共により柔軟性が低下していくが、自分の思考の歪み度合いを知ることは難しいが、多くの研究で各種認知能力との相関が発見されてきた。

オレゴン大学の研究チームの４～６歳の子供を対象にしたコンピュータゲームを使った調査結果では、注意力を制御する力は自分の感情を制御できる力と密接に関連していることがわかった。４歳児を対象とした有名なマシュマロテストでもそのときの誘惑に勝てた子供は15年後でも注意力を制御できる能力が長けていた。このテストは母親が15分間不在の間、お皿においてあるおやつのマシュマロ一つを食べずに待つことができたら、もう一つマシュマロがもらえるというものである。待っていられず、食べても良い。食べてしまった子供は結局マシュマロは一つしかもらえなかったが、食べるのを我慢して母親が帰るのを待って２個得ることができた。

筆者は2014年、予測する上で思い込みをなくすには、自分がどの程度思い込み人間であるか自覚するところから出発すると考え、2015年2月に思い込み特性評価手法を開発完了した。その年のAGC旭硝子千葉工場のノンテクニカルスキル教育のテーマを「思い込み防止」として、4～6月の3カ月間で約1,200名が受講した。この評価は第9章行動特性評価の実際で詳述するが、この特性評価の設問は手元にあるわずかな情報からしか判断しなかった実際の場面および情報はあるが、正しく解釈できなかった場面など状況認識の各段階でうまくいかなかった実際の場面から作成した。

2-4-3　慣れと記憶の落とし穴

安全の悪魔には二つの行動原則がある。

①「慣れ」に襲いかかる

②「記憶」に取り付きやすい

- 慣れた作業に落とし穴

初めての作業は手順書を振り返り、チェックリストを見ながら「意識」して実施している

そのうち「無意識に」まちがえずにうまくできるようになる（習熟する）。

慣れてくるといつもと違うことに気づかなくなってくる。

- 慣れた作業に落とし穴の対策

私はこの作業に慣れているだから実際にうまくやれている

しかし、そこが危ないのだ。十分に気をつけようと意識する。

「初心に帰る」という呪文そのものにもまた、慣れてくるので注意！

・記憶の落とし穴

学んだ知識や経験した内容を頭に記憶するときに脳のフィルターがかかる

記憶するときに脳内で「加工」されたり、「物語づくり」をする傾向にある。

予想外のことが発生し、以前にも同じことを経験した記憶。過去にもあった。

したがって「今回も大丈夫」と都合の良い解釈をしてしまう。

↓

安全の悪魔の参上

安全の悪魔の参上は

個人よりもチーム・集団のときの方が起こりやすい。

記憶にないこと＝これまでになかった

記憶にないこと＝これからもない

記憶にないこと＝だから大丈夫という物語を作ってしまう

↓

危険の出現（少しばかり危ないことでもこれまで事故になっ

ていない…やってもかまわないだろう）傾向が増加するケースは、時間の制約がある場合や緊急事態というストレスがかかるとさらにその傾向が強くなる。

注意点：
安全の悪魔の誘惑にのらないように。後ろに身を潜めている。

2－5　思い込みを防止するには

2－5－1　方針概要

思い込みを防止するにはどうすれば良いか？

事前にどのように対応するか方針を決めておき、その事態になったら考えずにそうすれば良い[5)]。

方針を決めておけば計画の錯誤をもたらす楽観主義を遠ざけてくれる。例えば作業者が楽観主義者である場合だと、不都合になるような要因を過小評価して、ミーティングで取り上げず、事故の原因に成長させていく。逆に緊急時においてすばやく実行することが求められるのに、ためらいすぎて時間が経過して時機を逃すこともある。これらの不備を防ぐため、具体化している活動はあらゆる職場で実施されている危険予知活動や緊急時想定訓練が相当する。行動特性評価が効果を現わしてきたのが小さな単位である個人からなので、組織としての思い込み防止の効果が出てくるのは個人の成果が出たあとからとなる。なぜかと言うと組織集団の中ではリーダーが無思慮に何かを決定した場合、（たいていの場合、ベテランが思慮深く決定したと部下には思われる）権威勾配が強くなくても、周りはなかなか否定的な意見は言いづらく、ずるずると実行していく。緊急時の集団意思決定がスムーズにいかないのは多くの事故報告書が語っている。

（1）　個人の思い込み防止の四つの方法

①一呼吸おく

ベテランは作業の型ができているし、作業手順書を見なくても作業できるが、無意識で身体が動いている場合、作業の条件や作業環境が変化したときにいつものようにやってしまうことがある。それを防止するには、要所でとりかかる前にひと周り見渡して、そのまま続けて良いのかなど一呼吸おくのが大事である。

②指差呼称

JR東日本の信号試験結果では指差呼称をしたグループと指差呼称をしなかったグループでは信号認知のエラー率は6倍もの差がでた。**表2－3**に示す。指差呼称は鉄道業界から始まった。東京駅の新幹線プラットホームでは、ドアを閉める前の運行補助員の安全確認の声が放送で流れる。古臭い手法でなく、脳の覚醒、注意の方向付け、多重確認の効果、あせり反応の防止など四つの

【表2－3】 指差呼称とエラー率

グループ	エラー率
指差呼称なし	2.3%
指 差 の み	0.7%
呼 称 の み	1.0%
指差呼称あり	0.4%

メリットがある。

③他者へのその都度報告

実施しようとしていることを制御室のボードマンなど関連する同僚などに連絡して、他者から未遂の過ちを指摘してもらうことができる。作業前ツールボックスミーティングで話し合った重要な作業は黙々と実施せず、節目節目でその都度経過も連絡すると、組織として思い込みに対して強靭になっていく。

④自問自答力の向上

もう一人の自分が「これでいいのか？」と客観的に自分を見つめ直す作業で、言い換えると断定、思い込みを抑制しようと自分に突っ込みを入れる作業前の自分への問いかけである。メタ認知力の向上と同じことを意味する。「私は長年この方法でやってきたが、これでいいのだろうか？」と根本的な疑問をたまには投げかけてみる。このような問いかけを意識的にし続けるといつか習慣となっていく。これを自己クロスチェックの習慣化ともいう。

2－5－2　思い込み特性の評価手法の開発

思い込みとおっちょこちょいの特性を評価するため、それぞれ、25問、22問の設問にYesかNoで答えることにより簡単に把握できる質問紙法による手法を2015年春に開発した。化学工場専用の設問でなくあらゆる分野での使用が可能なように、日常の各種場面での実体験情報を元に作成した（**図2－2**参照）。例えば「アリオの駐車場で買い物が終わった後、車を探すことがある」。

詳細は第9章を参照願う。

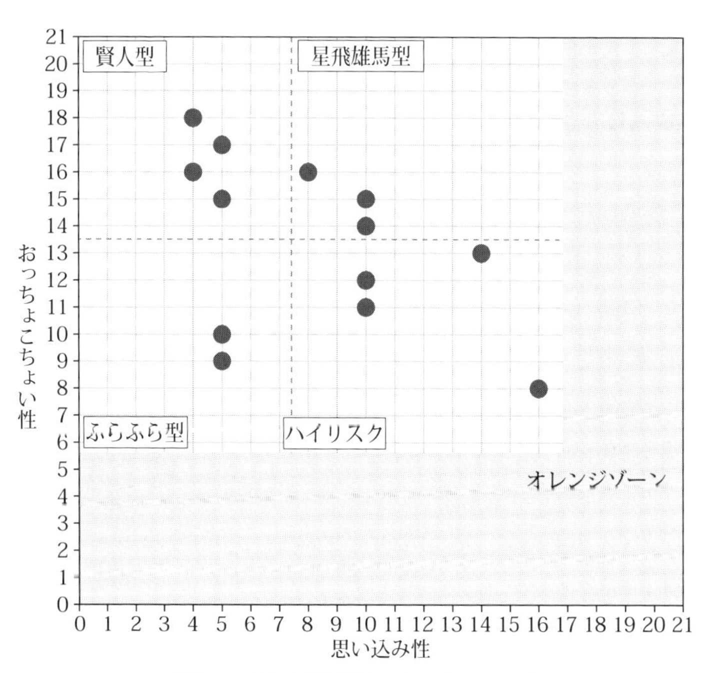

【図2－2】　試運転時のオーオーマップ

2-5-3　振り返りシート

演習後に記述する振り返りシートには「自分の課でも考えが違う人がいることがわかった」、「他の課の人と意見交換してちがう考えがあることが知って良かった」、「相手が理解できるように話し、復唱で確認することが必要だとわかった」など多くの受講者の感想が寄せられた。

これらの感想は貴重である。水平展開活動で最も得たい感想だからである。他者の視点の内化が運転員の情報感性や予測能力を向上させ、広いフレーミングの力を養っていくだろう。

2-6　産業界の思い込み事故

2-6-1　鹿島石油で起こった二つの火災事故

①1982年重油脱硫装置配管漏れ火災

漏れ発見から5分後に爆発し、死者5名、負傷者3名の事故が発生した。

◎経緯：

1982年3月31日、脱硫装置の運転中に、反応塔出口から高圧分離槽への主配管（335℃、14MPa=水素分圧12MPa）につなぎ込まれていた安全弁下流側配管からプロセス流体が漏れ出した。

漏出ラインの圧力異常が検知され、運転詰め所より現場確認のため８人が漏出現場に集まった。現場にて漏出発見から４～５分後、配管が突然破裂し、大火炎が噴出した。現場に集まった運転員のうち５名が死亡、３名が重傷という大きな災害となった。

爆発火災までの経過として、

①小さい配管亀裂からの水素および可燃性ガスの漏洩

②配管の破裂の結果、可燃性ガスおよび油ミストによるガス雲の形成

③爆発の発生

④ジェット火炎による延焼が推定されている

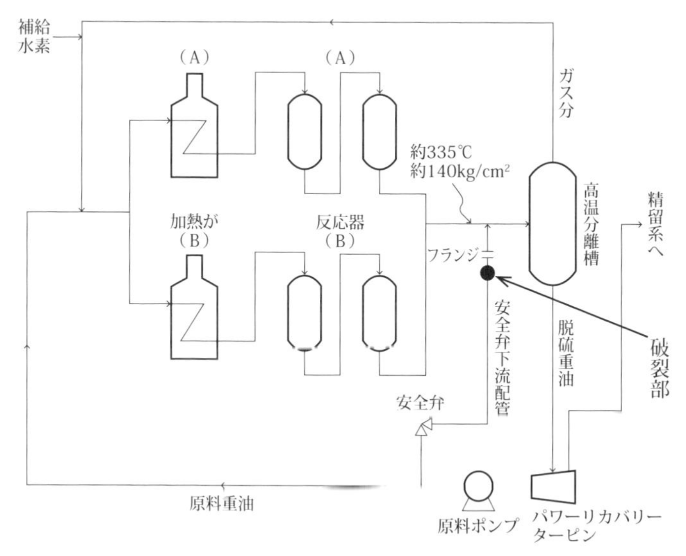

【図２－３】 重油直接脱硫装置フローシートと破裂部

原因は高温高圧の水素および可燃性ガスが流れる主配管(20 B）はステンレス製であったのに対し、漏出部分である安全弁下流側配管（6 B）は、炭素鋼製であった。「通常運転では、この漏出部分は主配管ほどの温度上昇はない」と考えられていたが、現実には高温での水素侵食を受けて小さな亀裂が発生。12年間の稼動の後、漏出・破裂が発生したと考えられている。（図2－3参照）

メイン配管ではない枝管も、運転時の温度上昇を考慮した材質選定をすべきであった。

設備上の問題があったとはいえ、人身災害は防げなかったか？

「高温、高圧の水素を扱う設備における異常発生時・漏洩発見時の緊急措置について、適切な行動ができるように、作業標準を見直し・教育・訓練の充実を図る」（鹿島石油）。

「可燃物漏出時は、その後の災害拡大（特に人身）について十分に留意することが必要。」と事故報告書は述べている。

②鹿島石油重油脱硫装置加熱炉火災

火災発生してから鎮火まで53時間かかったが、幸いに人的被害は0（ゼロ）だった。

◎経緯：

火災事故から22年後の2004年4月21日午前5時2分頃、地震のような地響きがすると同時に、計器室操作パネルの警報が一斉に鳴り、ほとんどの警報ランプが点灯した。

直ちに係員が現場確認のため計器室を出たところ、加熱炉FU-201B東側に火柱が見えたため、計器室に戻りプラントの緊急運転停止を指示した。本設備では、原料である重油は熱交換器で予熱された後、水素が加えられ、加熱炉（FU-201B）に入る。その後加熱炉で約385℃まで加熱された後、反応塔に入り、触媒により脱硫反応が行われる。

（1）　全装置を停止

火災現場では火災発生装置の降圧を行うとともに、火災発生装置以外の全装置も午前５時７分に緊急運転停止を行った。

（2）　周囲を散水しながら自然消火

可燃物が系内に残存する状態で消火することは再び着火する等の二次火災を引き起こす恐れがあること、および火災が加熱炉内であるため周囲への延焼の危険は少ないと判断し、発災箇所の上下流を遮断して燃焼しているものを燃え尽きさせることとした。周辺設備に対しては熱影響を考慮し大型化学消防車等で冷却散水を実施した。

火災の原因は加熱炉加熱管No.4コイルの４段目にコーキング（加熱された原料油中の重縮合物質等が加熱炉管内表面でコークス化して付着すること）が発生→局部的な温度上昇に伴うクリープ損傷が発生→亀裂が進展→高圧の内圧により加熱炉管が大きく開口すると共に炉内に漏洩した重油および

水素の混合物が着火、という事故進展フローだった。

◎背景：

発災した加熱炉は、重油を予熱した後に水素が加えられ、重油＋水素の混合流体として加熱炉に入り、加熱した後に脱硫反応させるプロセスで、水素を添加した加熱炉は高圧状態で加熱するため、石油精製関係者の間では、一般的にコーキングが起こりにくいと言われていた。

コーキングの検査も２年に一度、放射線透過試験で確認していたが、実際には、検査点と実際のコークの発生ポイントが違っていたため、発災まで発見に至らなかった。

これにより、コーキング検査部位の見直しが求められ、今回の燃焼解析結果およびコーキング調査結果に基づき、コーキング発生の可能性の高いと想定される部位に測定点を変更した。

次の対策としてデコーキング（スケール除去）を一定周期で実施し、その結果に基づきコーキング検査部位の妥当性の評価･見直しを行い、デコーキングを行う周期に反映させた。

この事故は次の教訓を残した。

今ある規定・検査方法は、それが妥当なのかどうか、定期的な見直しや、確認・検証が必要である（鹿島石油）。

可燃物火災の緊急処置方法について想定訓練を積んでおくことは､人身事故･二次災害を防止する上で大変重要（ダメージコントロール）である。可燃ガスが火災を起こしているときに、消火したくなるが、消火すると未燃状態で可燃ガスが拡散し、次の着火でクラウド火災を招くことを知っておくことが重要である。AGC旭硝子千葉工場でのクロスロード演習でこの事例に似た設問時、ガス火災時に消火すると答えた受講者が30％いたが、この鹿島石油の事故の話を聞いて、納得したと思う。

2－6－2　AS樹脂製造工場において停電に伴う小爆発後の原料の暴反応による大爆発

1982年8月20日、ダイセル化学工業（現ダイセル）堺工場のAS, ABS樹脂工場で2回の爆発があった。2回目の爆発で死者6人、負傷者206人の大災害となった。この年は鹿島石油でも3月31日に重油脱硫装置配管漏れ火災で漏れ発見から5分後に爆発し、死者5名負傷者3名の事故が発生した。

AS樹脂製造工場で停電が起こり、AS重合缶の撹拌機と冷却水が止まり、冷却不足の対応が十分に取れず反応速度が増大し、発生ガス量が大幅に増加した。発生ガスを燃焼脱臭する焼却炉は平常の風量ベースの設計のため、負荷過大になり、自動的にバイパスされ、廃棄煙突に発生ガスは導かれた。発生ガスが爆発範囲にあり、高温のため煙突下部で1回目の爆発が起こる。その後通電されてからは、運転員は保安上の作業を行っていた。

停電の直前に、別のAS重合缶の原料供給用のモノマー混

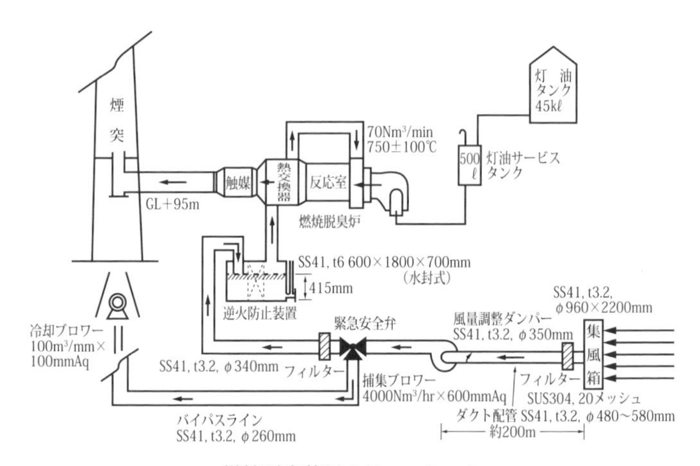

燃焼脱臭装置のフローシート

【図２－４】 AS樹脂プラント爆発事故の概要

【図２－５】 爆発後の工場全景

【表2－4】　6基の重合槽の状態

C	D	E	F	G	H
反応中で冷却不足	原料をモノマー混合槽で待機（重合缶へ移送予定）			反応中で冷却不足	

合槽に重合1回分の原料と触媒が張り込まれたが、事故の影響と保安上の作業で忙しく放置された。それが徐々に発熱反応を始め、42時間後に大爆発を起こし、近隣を含め甚大な被害をもたらした。モノマー混合槽の混合物は比較的低温のため、発熱反応は進まないと思われていたが、事故後の実験で、徐々に反応が進み蓄熱の結果、暴走反応に至ることが判明した（**図2－4**、**図2－5**、**表2－4**参照）。

原因の一つは、1次爆発は停電時に十分な運転対応ができない設備だったことにより、爆発に至った。例えば、通常の冷却水と撹拌ができないため、温度上昇をしているときに、反応器のマンホールを開けて、冷却水を投入する作業をとらざるを得なかった。

二つ目は、影響の大きな2次爆発は、1次爆発の後始末に気を奪われて、本来行わねばならない作業が行われなかった。すなわち、Dモノマー混合槽からD重合缶へ移送予定である。D系のモノマー混合槽の内容物がそのまま放置され、反応により蓄熱し、42時間後に反応が暴走した。このときに得られた樹脂工場の爆発の教訓は、

①停電は必ず起こる

②装置は必ず停電対策を！

1次爆発の処理に気をとられ、D混合槽の移送を組織として忘れたことが最終的な爆発の原因となった。反応の特性に基づく作業標準の改善も必要であったが、緊急時に全員が同じ行動をとり死亡者が増えた。運転員は暑い中、停電後の事後処理、周辺設備の維持、通電に備えての準備作業で忙しく、スタッフも現場に呼ばれて指示していたことだと推察するが、一歩引いて冷静に考えるスタッフが必要だった。制御室に隣接する冷房が効く控室で「やったこと、やること」リストを自ら黒板に書いて、刻々と入ってくる現場情報や制御室情報を整理して状況をどしっと見守る司令塔が必要だった。

AGC旭硝子千葉工場でノンテクニカルスキル教育が始まった初年度の2005年「ダメージコントロール」の教育でこの事故は語られた。

2－6－3　三菱石油水島製油所の重油流出事故

この事故は、1975年に「石油コンビナート等災害防止法（石災法）」が制定される契機となった。

◎経緯：

1974年12月18日、タンクヤードで5万kℓのドームルーフタンク（T-270）にC重油を受入れ中、タンクの液位が17mに達した頃、底部溶接部に割れが発生し、タンク底部から油

資料：毎日新聞社より借用写真

【図２－６】 天板が陥没したタンク

漏れが発生した。宿直長はこのタンクの油を隣のタンクに移し替えるように指示した。係員が移送バルブを開いたところ、振動音を伴って大量の油が噴出し始めた。

宿直長は油の噴出状況をみて全装置の緊急停止を指示すると共に消防署、海上保安庁等の関係機関に通報した。しばらくしてタンクの昇降階段（高さ19.65m、直立階段）付近の基礎部が陥没し、山砂および砕石を押し流したため直立階段が転倒して防油堤を破壊させた。このため防油堤は用をなさず、流出した油が排水溝を経て瀬戸内海に拡散していった（図２－６参照）。

◎被害：

隣接タンクの重油も合わせて、合計約４万3,000kℓの重油が流出し、そのうち7,500～9,500kℓが瀬戸内海に流出し、瀬戸内海の３分の１が汚染された。

流出油の損害は15億円であったが、沿岸漁民に対する補償、流出油の回収費用および長期操業停止などを含め、約500億円にも及ぶ膨大な損害となった。

◎原因：

発災タンクは使用開始から９カ月しか経っていなかったが、直立階段が設置されたタンクの底部が破損した。実は、工事計画のミスにより、タンク本体の完成後に直立階段を単独で設置した。このとき、水張り水位12mのままタンク直近の基礎をタンク外周に沿って約５m、側板から中心方向に約0.4m掘削し、直立階段の基礎が打設された。工事終了後に埋め戻されたが、作業の困難さがあり十分には締め固められなかったと推定される。このため、直立階段付近の不等沈下量が約160mmと最も激しかった。

事故当日は前夜中の雨が朝まで残っており、基礎の山砂は集中した雨水が砕石層へと流入する過程で運び去られると共に、含水によって強度が低下し、支持地盤の局部的破壊からタンク底部に亀裂が発生し事故に至ったものとみられている。

それまでの法対応では全く不十分であったため、事業所内に製造施設地区、貯蔵施設地区、事務管理施設地区等に区分して面積と配置を規制したり、面積に応じた防災通路（特定通路）の幅員を定め、石油や高圧ガスを大量に集積するコンビナートを「石油コンビナート等特別防災区域」に指定し、施設地区ごとをエリア（面）により規制するための、「石油コンビナート等災害防止法（石災法）」が制定された。

AGC旭硝子千葉工場では休日・夜間にこの法が定める副防災管理者（AGC旭硝子千葉工場では当直司令と呼ぶが、宿直と呼ぶ事業所が多い）を２名配置しており、新任当直司令に対し当直司令教育をするときに、なぜこの法が制定されたかをこの事故の対応処置も入れて説明し、特定通路や区画割の意義についても話している。

2－7　航空分野における「思い込み」

一般人の認知心理特性の中でも「思い込み」は、日常生活から、生産現場においてもしばしば体験されてきた。ときには、大事故に陥ることもあって、軽視することはできない。元来、事故は一つだけの要因で起こるものではなく、幾つもの原因や背後要因があって、それらを断ち切ることができなかったために、最終的に人のわずかなエラーや思い込みによって事故が起こると考えられるようになった。これを「チェーンオブイベント（事象の連鎖）」といっている（ICAOヒューマンファクター訓練マニュアル）[7]。

これまでの重大航空事故の詳細な事故調査報告結果からも、多くの事故要因の中に「思い込み」が指摘されてきた。

その状況を見てみよう。

2-7-1　マイアミ・トライスター機事故

1972年に米国フロリダ州マイアミ空港付近で発生したD航空の当時の新鋭機「トライスター機」事故でも、「思い込み」が指摘された。

深夜にマイアミ空港に着陸しょうとして車輪を下げたところ、首車輪が降りていることを示す緑灯ランプが点灯しないので、テストスイッチで確認したところ「球切れ」が判明した。

機長は着陸復行を行って、場周経路高度まで上昇して、自動操縦装置で飛行しながら電球の交換作業を実施した。作業中にパイロットが不意に操縦舵輪に触れたため、自動操縦装置の高度維持機能が外れてしまい、少しずつ高度が下がり始めた。

しかし、機外は暗かったので、クルーは気がつかずにトライスター機は徐々に高度を下げ続けた。この状況を管制塔から監視していた管制官が、「そちらはどうなっているの？」という表現で降下している理由を尋ねた。

パイロット側は、自動操縦装置を信じて安全高度を維持しているものと思い込んでいたので、高度のことを聞かれたとは思わずに、「OKだ！この辺で着陸態勢に入りたい！」と答えた。

管制官は、その言葉を信じて、左旋回して滑走路に向かうように指示した。その直後に、左旋回しながら空港付近の湿地帯に墜落した。最後まで、「自動操縦装置が高度を維持してくれている」と思い込んでいた事例である。

2-7-2　テネリフェ空港事故

1977年3月、大西洋上のスペイン領カナリア諸島のテネリフェ島で航空史上最悪の事故が発生した[8]（**図2－7**参照）。

この空港は、目的地ではなく代替空港であった。目的空港は隣の島の国際空港で、多くのリゾート客を満載して世界各

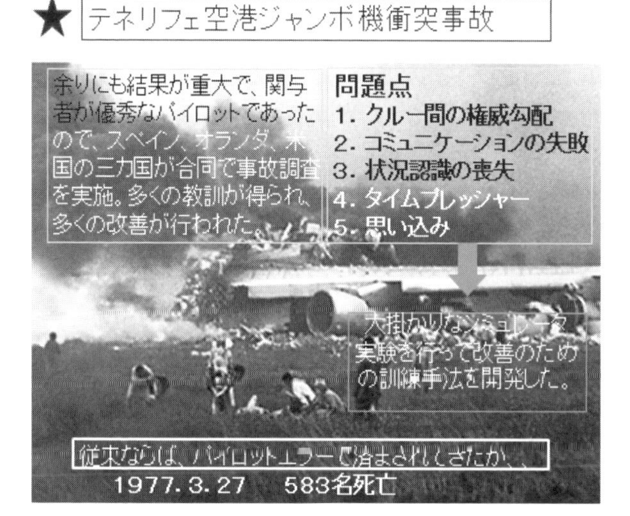

【図2－7】 テネリフェ空港事故と問題点

国から飛来していたが、爆弾テロ騒ぎが発生したために一時的に空港が閉鎖されてしまった。

このため、隣島のテネリフェ空港にすべての航空機を臨時着陸させることとなった。急遽多くの飛行機が着陸してきたため、思い思いに駐機して、駐機場が氾濫状態になってしまい、誘導路が使えなくなり、困っているところへ、目的地空港が再開したので順番に離陸させることとなった。

誘導路が使えない状態であったので、滑走路を反対方向に向けて地上移動させて、「滑走路30」から離陸させる方法を一時的にとった。

はじめにKLM（オランダ）機を滑走路端まで移動させ、次いでパンアメリカン（パンナム機）を滑走路上逆向きに移動させることとした。パンナム機が滑走路を反対向きに移動し始めたころ、海上から霧が寄せてきて視界が極めて低下した。

そのような悪いタイミングで、管制塔からKLM機に対して「ルートを飛ぶ飛行承認が与えられた」。機長はこれを離陸許可がきたものと受け止め、ブレーキを外してエンジン出力を上げ始めた。

副操縦士は、ルートの飛行承認を復唱しながら、機長のこの操作を見て、咄嗟に「我々は離陸します！」と付け加えた。これは普通の手順ではなく異常事態であったが、管制官は、「OK！」と答えてしまった。

この応答を聞いた、滑走路上のパンナム機は「我々はまだ滑走路上だ！」と叫んだ。管制官も異常に気づいて、直ぐに「離陸は待て！」という趣旨の指示を出したが、パンナム機の叫びと重なってしまい、どちらもはっきりとは聞き取れなかった。

離陸許可が来たものと思い込んでいる機長はそのまま離陸を続けてパンナム機と滑走路上で衝突し、双方とも炎上して一度に583名もの犠牲者を出すこととなった。

機長のこの思い込みには、更に背後要因が存在していた。オランダの乗員の勤務時間制限が厳しく規定されていて、予定外にこの空港に着陸したKLM機は、急がなければこの日のうちにアムステルダムに帰れないと心配されていた。

このほかにも、KLM機の機長は訓練センターで長い間パイロット教官を務めており、普段は安全、経済の両面から実機ではなくシミュレータで訓練を行っていた。

シミュレータ教官は、訓練中は管制官の役割も兼務して、訓練生に対して離陸許可を自分の思うとおりに与えてきた。このため、離陸を急ぐ機長にとっては、管制塔へ離陸許可を催促する習慣が薄れていたのであった。

このようにして、様々な背後要因の影響を受けた機長の思い込みによって、史上最悪の航空機事故が発生してしまった。

2－7－3　那覇空港重大インシデント

2015年6月3日、那覇空港でANA（全日空）機に対する離陸許可を自分に出された離陸許可と思い込んで離陸を開始した航空自衛隊のヘリコプターがあった。

離陸準備を整えてすぐにでも離陸できる態勢にあったヘリコプターパイロットが、離陸許可を今か今かと待ち構えているときに「離陸を許可する」という声を聞いて、自分に対する許可と受け止めるのは、認知心理学上の特性から見ても不思議ではない。

離陸滑走を開始したANA機のパイロットは、前方を横切るヘリコプターに危険を感じて咄嗟に離陸中止操作を行った。その後、JTA（日本トランスオーシャン）機が着陸してしまい、あわや衝突する危険性もあった。ここにも思い込みによる着陸強行という結果が生じてしまった。着陸許可が出ているのだから先行機（ANA機）は、支障ないはずだ、と考えても、認知心理学上では少しも不自然ではないのである。

そのようなことが起こらないように、テネリフェ事故以来、航空管制の様々な方式基準が作られて航空業界の常識とさえなっていたのである。

しかし、近年、パイロットや管制官の世代交代が進み、ほとんどの人が当時とは入れ替わってしまっている。組織がいったん常識となるまで覚えこみ、遵守するようになっても肝心の構成メンバーが交代してしまうと、教訓も風化しがちになり同じことを繰り返し教育し、訓練することの必要性が痛感された出来事であった。「継続は力なり」と言われるとおりである。

悪者を特定し厳罰に処して決着させるのではなく、航空システム全体の信頼性を継承するための継続的な教育訓練体制の再建が強く望まれる。

2−8　ま　と　め

自分も含めて周りの人間が無意識のうちにあらゆる状況でなんらかの思い込みをしているということを認識する必要がある。航空医学者・黒田勲氏の名言「我々はいつも危険の海の中にいる」の危険という文字を思い込みに代えても名言「我々はいつも思い込みの海の中にいる」が成り立つ。

1970年代半ばに航空事故の主な原因が航空機の故障など

の技術的問題から人的要因が逆転したことが述べられた。石油精製、石油化学、化学でも同様である。

ノンテクニカルスキル起因の事故が増加しており、その中でも思い込みが原因の事故が多い。どのような錯覚やバイアスが存在するか頭に入れ、思い込みとおっちょこちょいの特性を評価するため、AGC旭硝子はYesかNoで答えることにより簡単に把握できる質問紙法による手法を開発した。

本章では「思い込み」に関して述べたが、このようなノンテクニカルスキルの中でも情報の入口制御の担い手である「状況認識」力の向上が労災およびプロセス事故を抑制するのを可能にさせる意味を持つ。運転員自身の思い込み抑制姿勢を維持することが今後さらなる事故防止に貢献するであろう。

参考文献：

1） Dan Ariely, 熊谷淳子訳, 予想どおりに不合理, 早川書房（2013）
2） 南川忠男, 化学経済6月号, 化学工業日報社（2015）
3） 中尾睦宏, 安全衛生のひろば Vol.3～12, 中央労働災害防止協会（2011）
4） Daniel Kahneman, 村井章子訳, ファスト＆スロー, 早川書房（2012）
5） Paul Sloane, 黒輪篤嗣訳, 思考力を鍛える30の習慣, 二見書房（2011）
6） 海保博之, 心理学研究法, 放送大学教育振興会（2011）
7） ICAO, “Human Factors Training Manual” ICAO Doc 9683/AN950（1998）
8） 石橋　明, リスクゼロを実現するリーダー学, 自由国民社（2003）

第3章

コミュニケーション

3-1　コミュニケーションの現状

ノーベル経済学賞を受賞したハーバード・サイモンによれば、コミュニケーションは「組織のあるメンバーから別のメンバーに決定の諸前提を伝達するあらゆるプロセス」と定義され、このようなコミュニケーションには、ラインに従って上下に行われる以外に左右に行われるものがある。組織におけるコミュニケーションの重要性を指摘したのは経営学者チェスター・バーナードであり、サイモンはこれを引き継いでいる。

事故のなぜなぜ分析で3、4番目に挙げられる原因に「ひとこと言っておけば良かった」、「やる前に相談すれば良かった」、「仲間が手順書から外れたショートカットな作業を提案したが誰も反対せずそのまま流された」が挙げられている。声かけの大切さ、疑問点を声に出してクリアにすること、適正な権威勾配、言い出す勇気など人的要因の中でもコミュニケーションの重要性に深く気づき、それが向上する教育の実施が求められてる。

事故事例として幾つか挙げる。

①1977年テネリフェ空港航空機衝突：KLM機内での権威勾配の強さ、あいまいな発話がもたらした。1988年のパイパー・アルファ（Piper Alpha；英国海上油井）の爆発では申し送りに関するコミュニケーション、リーダーシップ、緊急時の意思決定が不備だった。

②1994年長野県・上田油槽所大火災：開放したままのフランジを連結されていると思い込んだミスであった。

③2001年ハワイ・オアフ島沖でのえひめ丸事故：米国海軍の原子力潜水艦が緊急浮上訓練をしているときに誤ってえひめ丸を沈没させたのは、運転士官と潜行士官のコミュニケーション不足だった。

④2004年Formosa Plastics Corp.（米）の塩化ビニルモノマーの爆発事故：インターロックを外しているかどうか尋ねれば良かった。

⑤2005年BPテキサス（米）での15名死亡事故：塔底の液面を運転員間で確認し合うという基本的なコミュニケーションができていなかった。

⑥2005年バンスフィールド油槽所火災（英）：無鉛ガソリン受け入れタンクの液面計は正しいと思い込み、緊急遮断弁は作動すると思い込んだ。

⑦2010年テソロ製油所でのナフサ改質装置の爆発（米）：高温水素脆性に関する設計時の意思決定におけるコミュニケーションがうまくいかなかった。

外国での事例を多く記述したが、国内も同じくコミュニケーション不足の事故が多い。

コミュニケーションはラテン語のcommunis（英語でcommon）から派生した語で「共有される」が原意で、意図や情報が交換される過程に使われれば伝達の意味になり、その手段の通信という意味にもなる[1)]。

集団で活動する場合、コミュニケーションが大切であるが、時間の確保、相互調整、意思疎通の苦労、相互理解の難しさなどを克服するエネルギーが要る。ちょっとした声掛けや主張をするのは少しの「さあやろう」という気持ちの高揚が必要だが、これを乗り越えないとコミュニケーションの欠如・単純化が発生し、表層的な伝達に陥ったり、前向きの進言が少なくなる。

そうならないために、リーダーはコミュニケーションと深く関係するリーダーシップ（第５章参照）を発揮する必要がある。コミュニケーション力を鍛えるということは、チームワーク力を高めることにつながる。

発語内行為（J.L.オースティン，1962）は単に声を出すという行為だけでなく、声を出すということが約束となっている。指差呼称は自分への約束で、対人関係においても約束が伝達されることが多い。例えば「いつ打ち合わせをするか？」、「スタートアップは１時間遅らせようか？」など。

ロシアの心理学者レフ・ヴィゴツキーは、５歳頃までの子供は自己中心的な発話の時期に発話の意味を自己の思考機能に取り込みはじめ、声に出して話したことで子供は自分の行動を導くと言った。外に向かった発話が思考という内的対話を可能にした。

外に話をしているときでも自分自身に話しかけて内的対話をしている。話し手は、自分が話した言葉がどういう意味を持つのだろうと自分に問いかけながら話していることになる。ノンテクニカルスキルのカテゴリーの中でもとりわけコミュニケーションに関する演習は、意見交換を中心としたものがその教育目的を達成するのが容易となる。逆に演習や意見交換のないノンテクニカルスキル教育は望ましくないと思う。

筆者がヴィゴツキーの理論を学習したのは2011年で、その４年前からノンテクニカルスキル教育の半分の時間を演習に企てていたが、2011年からはクロスロード演習（AGC旭硝子千葉工場では分かれ道演習と呼ぶ）を教育に採用し、受講者間の対話・意見交換の比率を増やした。これはヴィゴツキーの言ったように、演習では発話を通じて内的対話が進み、話し手の話す自分の考えや経験は伝達的なところもあるが、同時に考えや経験が共感的に他者の内部に降り立って参加者が意識的になったと考える。

また、そのような演習を作ることがインストラクターには望まれる。実際、どのような設問がその設問の意図した教訓やメッセージとして、演習を通じてくみ取ってもらえるかについて、インストラクター打ち合わせで時間をとってきた。したがって、自部署のコミュニケーションの力をつけるにはこのような対話が促進される雰囲気を上位者（部署長とは限らない）が作り、自らも発話のスターターとして促進者になるべきである。例えば、非定常HAZOP（リスクアセスメントのある手法）を運転員とスタッフが一緒にやっているときや、その作業を実施しなかった場合の影響と対策を皆で考えているときに、誰かがそれに関連する44年前の大きな事故の経験を語り始めたならば、HAZOPリーダーはワークシート作成の先を急がず、それより重要なその語りと傾聴に時間を任せ、いい話だったと締めくくる。

安全衛生委員会の最後や朝のツールボックスミーティングの後に皆でスローガンを唱和するのは大きな声で目標を言うことでそれを実現させようとしている。人間には、

①自分をわかってほしい

②話を聞いてほしい

③一緒に協力してほしい

という思いがあるが、なかなかうまくいかないのが現状であ

る[2]。

基本は自分と相手に心を開くことである。主張するからには耳を傾けなければいけない。なぜ自分をわかってもらえないか？世の中には話し方教室は多いが、聴き方教室は少ないと思っている人が多いのではないか？聴き方教室と話し方教室の検索件数では３倍もの隔たりがある。世の中では聴き方を教えてもらう需要が多いらしい。聴き方教室では授業内容に傾聴がある。その中で教えられていることは早とちりや早のみこみの人には指示後に必ず復唱させるかメモを取らせるのが良い指導方法であり、十を聞いて一わかる人には具体的に話を進め十分に理解するまで指示したり、イメージ化してわからせると良い[3]。

第８章ノンテクニカルスキル教育の実践で述べる演習の効用は、意見交換をすることで相手の意見を聞くことができ、さらには自分の意見を述べることが自分との約束につながるのでより行為動機への強化ができる。相手の違う考えに接し、自分の視点・視野の拡大にも貢献している。

3－2　コミュニケーションの課題

（1）　経験の伝承力

熟練技術者から知識や経験を教えてもらうときの問題点は、教えられる側にその技量やその気がないと馬耳東風になる。また、その経験を積むにはまだ熟していない場合は、聞いていても記憶に残らないことがある[4)]。

伝えても受け取る側の素地がそのレベルに達していないとうまく伝わっていかない。伝えた者は教えられる側に伝わったと思うが、その後のフォローアップをしっかりしないと伝達不良になる。だいたいの事故は「伝えたつもりで伝わっていなかったこと」と「伝えていないのに伝えられたと思ったこと」で起こり続けている。日頃から良いコミュニケーション環境を維持できていれば、伝達不良は起こりにくい。第７章７－３－１コミュニケーションスキルの内容で述べる意思疎通と確認会話が必要であろう。

「失敗学」を提唱している畑村洋太郎は、伝えようとする要素が一致しない場合や伝えようとする構造が一致しない場合に、伝えられる人の頭の中にテンプレートがないと新しいことを聞いてもテンプレートの上に乗らないので、伝わらないことになると述べている[5)]。そのように理解するとテンプレートができていないのに多くの知識を聞いても、知恵に結びつく応用できる知識にはならないので、学んだ細かいことは忘れても知恵が残るのが望ましい。

ノンテクニカルスキル教育のインストラクターはその全体の枠組みや定義をおおよそ知っておく必要があるが、運転員は教育を受けて実践する人なので、技能として記憶されるのでなく、その行動・言動に向かう意欲づけや気づきを自分で自分に植えつける手助けをするものである。したがって、あまり詳しく全体の枠組みや定義を説明するよりは気づきを促進する実践型演習に時間を割いた方が良い。

また、教える側になった年長者は、自分が若いときに教えてもらったのと同じ言葉や状況で年少者に伝えてもその断片的なエッセンスしか伝わらず、周辺の豊かな附属説明や経験は伝わっていかないことがある。

年少者が自発的に学ぼうとする姿勢や考え方、価値感は20年前とかなり違うと思うので、理解を助けるためにより多くの周辺情報を付与して教育する必要があるが、現実は逆である。いかに学ぶ側に納得感を持てる教育にするか、教える側が考えて対応する必要がある。

ノンテクニカルスキル教育で実施する各種演習時の参加者の意見交換を聞いていても、自分の頭で考えていると思っているが、職場の価値観や雰囲気（安全文化？）に左右されているのがわかる。AGC旭硝子千葉工場にはコモディティ製品、機能製品、医薬品のプラント、動力プラント、設備管理部門、品質管理部門などがあるので、意見交換のときに出てくる意見には部署特有の「ああ、そうなんだ」と思う場面がよく見受けられる。

（2）　事故防止の情報交換力

第２章で状況認識における最初の情報入手の段階で情報入

手とその解釈を確実にするため個人の思い込み防止の四つの方法を述べたが、双方向コミュニケーションで思い込みが防止できる「他者へのその都度報告」が適切にフィードバックされないのはチームとして情報交換の力が脆弱な場合である。これは一方が実施しても受け手がその情報をトラブルから回避できる返答ができないことがあるからである。

表3－1で示すところの阻害要素をしりぞけることができなかったことを意味するが、例えば現場担当者からフィルターの定期切り替えを無線で連絡を受けた制御室のボードマンは「翌日の作業である」ことを指摘され、実施せずにトラブルを起こさずに済んだ。

関連する同僚などに連絡して、他者から「未遂過ち」を指摘してもらうことができる。チームで作業をする航空機の運転・船舶の運航、化学プラントの運転、外科の手術などでは効果的な情報交換が安定を維持するのに非常に大事である。チームとしてのミッションを達成する上でチームメンバー同志のコミュニケーションは必須である。

【表3　1】 コミュニケーションの要素

	要　素
1	情報を送る
2	その情報を交換して意図を伝える
3	情報を受ける
4	情報交換の阻害要素をしりぞける

（3） コミュニケーション不全の先行指標

コミュニケーション不全の先行指標は何か？　安全工学会は2012年に保安力向上センターを立ち上げ、経済産業省の調査事業などを通して化学産業の安全の維持向上にかかわる要素を分析し、現場を中心にした全社の安全管理のしくみとそれを支え、活性化する安全文化について体系化した。保安力評価手法を開発し、その評価を通じて事業者が自主的に安全基盤と安全文化を評価し、強みや弱みを見つけ、改善を進める取り組みである。保安力評価の普及と活用による保安力向上の支援を目指し、企業22社（2017年２月現在）の支援で活動している。その評価の安全文化の第７項目「コミュニケーション」の度合いを自己評価するために５段階評価の設問が２問作られた。

化学プロセス安全センター（CCPS）は1985年、アメリカで設立され世界27カ国で165を超える会員企業がその活動を推進している。プラントの事故防止活動成績を自己評価するための共通のメトリックス（測定基準）が提案され、従来の定性的な評価を数値化したことに意義がある。2020年のあるべきビジョン（Vision 20/20）で示された５原則の５番目はEnhanced Applications of Lessons Learned[6]（原文）「学んだ教訓を積極的に活用し共有する」で、事故防止のため企業と従業員は多くの情報源からの学ぶ文化を情熱的に支持しなければならないと掲げている[7]。

3－3　コミュニケーションの目指す状態

組織のトップが積極的に組織のメンバー（協力会社の社員も含む）との対話に努め、組織内の報告・連絡・相談が日常的に習慣化しており、組織のメンバーがコミュニケーションの阻害条件下でも風遠しの良い意見交換ができる風土を作るのが目指す状態である。組織の活動においてやらされ感でなく全員参加の意識が高い状態も目指したい。

組織内のコミュニケーションが滞り、閉塞してくると通常時の業務を執行する場合において組織間の連絡・協力が十分図れなくなり、組織の健全な運営ができなくなる。緊急時など危機的な状況への対応が必要な場合は、さらにコミュニケーションの綻びが被害を大きくすることがある。組織内のコミュニケーションが良いと事故や不祥事が少ないと言われており、同時にそこに働く従業員の満足度（ES）も高いと言われている。第8章8－3－3「宝をGETせよ」演習で述べるが、仮想演習の成績にも部署業務成績が関係した。特に組織のトップが積極的にメンバーと対話したり関心を示すと組織の風通しがよくなり、モチベーションが高く維持される。ここに高いチーム成績の特徴を挙げる。

コミュニケーション不全を起こしにくく、それが原因での事故が少ない部署には①～⑤の特徴があり、お互いの信頼関係が築かれており、ソーシャルキャピタルが高いと思われる。

①指示する側が指示される側に信頼されている。

②仕事への誇りを感じ、やらされ感では仕事をやっていない。

③自己肯定感がある。したがって良い仕事を志向する。

④自分の任務を理解し、仕事をやり遂げようとするミッション志向が高い。

⑤各人の技能が高い[8)]。

5番目の対象技能はテクニカルスキルのみならずノンテクニカルスキルも該当する。テクニカルスキルを実行する上でノンテクニカルスキルが補佐する。緊急時のコミュニケーションは発生してくる情報の多さや状況の変化が通常時より大きく、情報の共有化やその情報の判断そして意思決定がスムーズにいくことが緊要である。特に災害現場と本部間の情報伝達がベースになり外部への情報となるので、通常時より迅速さと正確さが求められる。

そこには通常時のコミュニケーションがベースにあり、緊急時のコミュニケーションは訓練されていないとだいたいうまくいかない。通常時では現れてこない潜在的な弱みは緊急時には露呈してくるものである。本番での不備の反省から改善されていくことがあるが、事前に机上想定訓練と実地訓練などで経験を積むことが重要である。表層的な改善や情報伝達フロー図の新設などで解決できない根本的な課題が存在するときがある。

約2500年前に老子は次のように言った。

① 「聞いたことは忘れる」

② 「見たことは思い出せる（覚える）」

③ 「やったことはわかる（理解できる）」

実際の泡消火活動訓練をやってみると、泡原液タンクのバルブの固さ・遠さ（普段操作しないので固い）を実感でき、体で水中ポンプの重さを体感できる。老子の言葉にあるよう

に、実際にやってみて本当に理解できたことになる。ノンテクニカルスキル教育も理論で知るだけでなく教育で気づいたことをすぐに実行してこそ身に着く。

3-4　コミュニケーション起因事故

(1)　潜水艦「なだしお」の衝突事故

1988年7月、横須賀港北防波堤灯台東約3km沖で、海上自衛隊の潜水艦「なだしお」(乗員74名) と横浜港を出航して伊豆大島に向かう遊漁船「第一富士丸」(乗客39名・乗員9名) が衝突し、第一富士丸が沈没した。第一富士丸で30名が死亡、17名が重軽傷を負った。衝突5分前に潜水艦の右28度2.6kmの浦賀水道の西側海域を南下する第一富士丸を視認し得る状況にあったが、見張員のみがその存在に気づきその旨を報告したものの、艦長はこれを聞き流し、前方の船の存在に気づかないまま航行した。衝突1分少し前には第一富士丸と400mに接近したので衝突の危険が迫ったことに気づき、急ぎ短音1回と面舵一杯および機関停止を艦長は続けて指示したが、面舵一杯が伝わらず、そのまま直進し衝突した。この事故は重大海難事件として裁判にかけられ、なだしおの回避の遅れと、第一富士丸の接近してからの左転、双方に同等の過失があったと判示された。この事件によって当時の防衛庁長官は引責辞任した[9]。

（2）　長野県・上田油槽所の大火災

1994年10月、JRで輸送された石油類を一時貯蔵後、タンクローリー等で県内に搬送する中継基地としての油槽所内のガソリンタンク等で火災が起こった。最初は漏油火災で、さらに3基のタンクに延焼し、爆発的な火災となった。ボルトを閉め忘れた配管の継ぎ目からガソリンが扇状に噴出、漏洩し、何らかの火源（フォークリフト、噴出するガソリンの静電気）から引火し、火災となった。

原因は、

①ラインアップのミスで完全なそのフランジを締めておけば良かった。人災に近い。

②工事担当と運転担当間の連絡ミスの可能性があり、工事終了前に移送作業を開始した。とは言え、運転担当がラインアップという基本中の基本を疎かにした。開放したままのフランジを連結されていると思い込んだミスであった。

③休日夕方の終業時間前で帰り急いだ可能性がある。

④重要な仕事がダブルチェックされなかった（ライン作りミス）。

6年前にも類似事故はイギリスで発生していた。1988年、北海油田で発生したパイパー・アルファ・プラットホーム事故は、フランジが解体されているのに交代間コミュニケーション不良で爆発・火災が発生して167人が死亡した。ポンプ点検のため切り替えようとしていたポンプの安全弁は取り外され、仮設のプレートを置いた状態で蓋をしていた。起動してはならないことを担当の技術者は書類に記入していたが、その重要情報は伝わらずそのポンプは起動された。これは海上油田における史上最悪の事故となった。

（3）　横浜での患者取り違え手術事故

1999年１月、横浜市立大学医学部附属病院で、肺手術と心臓手術の患者を取り違えて手術をした医療事故が発生した。直接の原因は看護士の搬送ミスであった。手術後の体重測定で関係者が患者を取り違えに気づいた。当初、患者２名を乗せたストレッチャーは二人の看護士によって１台ずつ運ばれたが、エレベーターに乗せたところで、２台のストレッチャーは多忙を理由に病棟看護士一人に任された。その後は、その看護士一人がストレッチャー１台を片手で押し、もう１台を片手で引いて患者２名を同時に運んだ。

術前も患者の血圧や髪の量や入れ歯の有無、心臓病の患者には背中の貼り薬で別の看護士がいったんは疑問に感じたが、その疑問点をクリアにすることなくスルーした。取り違えなど発生していないという思い込みとそれを口に出して言わなかった。病棟看護士、麻酔科医、外科（執刀）医、手術看護士などいくつものチェック機会があったが、分業化がコミュニケーションミスを引き起こした。氏名の確認ミスなど初歩的なミスがいくつも重なった。

事件後、患者の名前を書いたリストバンドをつけたり、名札をつけたりする再発防止策が開始された（以前にも同じ対策が検討されていたが実現していなかった）。患者の顔写真をカルテに貼ることも対策となった。

東京高等裁判所は業務上過失傷害罪に問い、手術看護士を一番重い禁固１年、執行猶予３年、関係の麻酔科医ら五人を罰金刑（30万円～50万円）に処した。

この事故を契機に医療法が改正され、年２回のノンテクニカルスキル教育が義務化された。しかし、今なお受講に積極的でない医師がいるのが現状である。

（4）　BP社テキサス製油所の爆発事故

2005年３月23日アメリカ・テキサス州BP社のテキサス製油所で起きた爆発・火災事故で15名の方が亡くなり、180名が負傷した。Isomerization Unit（異性化装置）のスタートアップ操作で、高さ50mのスプリッター塔（アロマ回収ユニットからの残油からC5/C6成分を回収する塔）の42mまでが供給液で一杯となり、加熱炉によって加えられる熱により液の蒸気圧が上がり、塔頂部に押し上げられる状態となった。塔頂配管の安全弁が吹き、液はブローダウンドラムに至り、スタックから吹き上げ、地上で液体のプールを作った。

小規模な爆発があり、次に大規模な爆発が発生した。ブローダウンドラムから46m以内には、定期修理のため55台のトレーラー、トラック、乗用車が置かれ、多くの作業員の集合場所となっていたため、爆発でトレーラーなどが壊滅的な被害を受ける大惨事となった。

状況は異性化装置のスタートアップで、運転員は原料油を張り込み過ぎ、液面指示計の誤作動を招き、それ以降運転員は液がどこまで上昇したか把握できなかった。運転基準書ではレベル50％で運転することになっているが、制御室に警報を鳴らすハイレベルアラームは機能せず、冗長化のために設置した2個のアラームも故障していた。その状態で塔底油コントロールバルブを約3時間閉止したためスプリッター塔内のレベルが上昇した。

また、レベル50％で加熱炉タイプのリボイラーに点火する手順書であったが、レベルは確認されず、点火した。一方、加熱炉タイプのリボイラーの運転をしていたために系内に熱が蓄積した。その後、コントロールバルブを開けたことで、リボイラーの熱を受け、スプリッター入口温度が上昇し、気液を塔頂まで押し上げた。スプリッター塔底の液面指示は、夜間シフトから引き継いだ100％のままであった。ブローダウンドラムは大気開放のため、スタックから気液が流出した。

ノンテクニカルスキル面での原因は、始まりは過剰液張りではないという思い込みがその後の状況認識を曇らした。ま

た、

- 関連計装の動作確認がなされていない。
- 異常警報時のその真偽のチェックがなされていない。
- フィード開始の条件が手順書で規定されているが、運転員は実行できなかった。周知されていたのかと思う。
- 過剰フィードで変化するその他の指標を現場液面の確認や温度、圧力などでチェックしなかった。
- 職長が、家庭の急用でリボイラーに点火する30分前、爆発の150分前に製油所を離れた。職長のサポートがなくなる。

要所要所で確認打ち合わせをすれば良かったが、組織の運転員間のコミュニケーション不全など事故報告書では指摘されている。

変更管理の面では二度にわたる転用工事で加熱炉タイプのリボイラーの危険性を認識していなかった。あるいはコストカットのためそのまま転用した。安全優先、リスクに基づく意思決定がされていればこと事故は起こらなかった[11)]。

表3－2に海外の大きな事故と関連ノンテクニカルスキルを示す。右の列は状況認識の中の情報の理解で発生する思い込み内容に注目した[10)]。

【表3－2】 海外の事故と関連ノンテクニカルスキル

発生年	事　　故	関連した ノンテクニカルスキル	思い込み内容
1988	パイパー・アルファ（英国海上油井）の爆発	申し送りに関するコミュニケーション、リーダーシップ、意思決定	開放しているところはないと思い込み
2004	Formosa Plastics Corp.（米国）の塩化ビニルモノマーの爆発	状況認知と判断、責任の分散に関するコミュニケーション	インターロック解除はされないと思い込み
2005	BP テキサス（米国）	リーダーシップ、意思決定、コミュニケーション	過剰液張りは起こらないと思い込み
2005	バンスフィールド油槽所火災（英国）	緊急時の意思決定、状況認知と判断、規律遵守性	液面計は正しいと思い込み、緊急遮断弁は作動すると思い込み
2010	テソロ製油所でのナフサ改質装置の爆発（米国）	設計時の意思決定に関するコミュニケーション、言い出す勇気と相談、規律遵守性	この材質でも高温水素脆性は起こらないと思い込み

3-5　コミュニケーションの手段

誰かがやるだろうと思っている人が多いと責任の分散が発生し、当事者意識が薄くなり、決めたことが実行されないときがある。それを防止するには明確に役割分担を定めておくことが大事である。しかし、それでも責任の分散が発生する。

役割分担が定まっていても緊急時に持ち場離脱や役割混乱も実際にはあった[12]。

リンゲルマン効果（社会的手抜き効果ともいう）

大勢で作業をすると、一人が出す力が減ることを実験で証明。

綱引きの場合、綱を二人で引くと一人のときの約93％、三人では約85％、八人ではわずか49％しか力を出さなかった。

そのようになる原因はノンテクニカルスキルを使う観点では状況認識と意思決定の段階で上手くいかなかったと言える。3－2コミュニケーションの課題で述べた静止状態での経験の伝承でさえ、課題が多い部署では状況の変化が大きい緊急時や急な非定常作業の発生時には最初の状況認識でうま

くいかず、トラブル発生の可能性があるのではないかと推察する。

チームでの情報交換のスキルとして大切なことは

- 開放的で支援的なコミュニケーション
- 傾聴する
- 非言語メッセージも読み取る

人と人は純粋に言葉だけで会話しておらず、言葉以外に身振りや顔の表情などの様々なメッセージを情報伝達に使っている。言葉で会話していると同時にノンバーバルなコミュニケーションもしているので、意図的に両面から伝えようとすることが重要である。

コミュニケーション手段には、以下のように幾つかの種類が挙げられている。

①バーバルコミュニケーション

言語（通常の言葉）

準言語（声の抑揚、早さ、イントネーションなど）

②ノンバーバルコミュニケーション

表情（幸福、悲しみ、怒り、嫌悪、驚き、恐怖）

視線（目は口ほどにものを言う）

身体の動き（例示子、感情表出、調整子、適応子）

パラ言語（声の大きさ、抑揚、沈黙、発話量）

外観（服装に代表される）などが、必要に応じて適宜応用されている。

表情55%が印象に残る

対面会話における、会話後の第一印象を調査した結果、人に影響を与える情報の割合は、言語内容：７％（言葉そのもの）、音声：38％（音量、抑揚、早さ）、表情：55％（ボディランゲージ）という結果が報告されている（Mehrabian, 1968）[13]。

対面の会話ではほとんどが話者の表情を介して意思疎通が行われている状況を示している。電話や無線で意思伝達する場合には、「表情」が全く伝わらないので、言語内容と音声に頼らなければならない。そこで、「用語の標準化」が大切になってくる。

3-6　安全への主張（アサーション）

（1）　アサーションとは

アサーション（Assertion）という英単語は、非英語圏の我々にはその意味が理解し難い。言語の問題だけでなく生活習慣やものの考え方の習慣など様々な面からも理解し難いと思われてきた。この言葉は、「考えを言葉に出して率直に伝える」つまり、「自分の意見を主張する」という意味で使われてきた。

日本の伝統的文化の中では、礼節を重んじて、その場の空気を素早く読んで、言ってはいけないことと、言っても良いことを咄嗟に判断して「場の雰囲気を保つ」ことを重要視する傾向が強かった。

「沈黙は金なり」という言葉がある。「雄弁は銀なり」とも言われてきた。その背景には、上記のような「礼儀と節度」という概念が普及していて、「士農工商」の封建社会の長い歴史のなかで培われてきた風習が残っていた。

このような社会風土の中では、その場で感じたことや自分の考え方を周辺を無視して述べるということは、上下関係の秩序を乱すだけでなく、目上の者に対して大変失礼に当たるものと考えられていた。

危ないと気がついても、間違っていると感じても、決して軽率に発言するのではなくじっとこらえて何もなかったかのように振る舞うことによって、その場の雰囲気を大切にし、周囲の者から好かれる結果を生むことが最善と考えられていたからこそ、「沈黙は金」なのである。

その逆に、いくら理に適っていても、相手のためになる注意でも、その場の空気を損なうようなことを言ってしまえば、結果的に良い行為を行ったに違いないが、一時的には気まずい状況を生んでしまい、決して「金」とは言えない、という論理なのである。

この論理は農耕時代の封建社会では立派に通用した。しかし、今日のように社会システムが複雑になってくると、上記のように悠長なことを言っている訳にはいかない。あらゆる生産現場が、「個人がしっかりすればエラーや事故は防げる」状態ではなくなっているからである。業界が違っても、規模の差があってもチームの力であらゆる生産活動が展開されている。個人の能力と努力を結集して「チームの力」として発揮しなければ、高度な業務は遂行できないしくみになっている。

チームメンバーが力を合わせて業務を遂行するためにはメンバー間の「コミュニケーション」が不可欠である。メンバーが持っている情報およびそこから得られる考え方や方針などを相互に共有していくことが最も大切になっている。

これは、業務を遂行するために専門技術や知識以外の「ノンテクニカルスキル」と言われる本書のメインテーマそのものである。

そのなかでも、ここで言うコミュニケーションは、最も重要な要素となる。第2章で状況認識が一番大事であると述べたが、状況認識とそれに続くコミュニケーションがセットで一番重要である。そして単に「メンバー間の意思疎通を図り情報を共有化する」に止まらず、コミュニケーションの本質にまで深堀りして理解し、実践していく必要がある。

（2）　航空業界のCRM訓練におけるアサーション

ここまで議論してくると、「安全への主張（アサーション）」の説明を円滑に進めることができる。「アサーション」は、航空分野でCRM訓練が開発されたときにも中心的な課題であった。その事故事例から話を進める。

1977年3月、スペイン領カナリア諸島のテネリフェ島の空港で発生した滑走路上でのジャンボ機同士の衝突事故では急に海霧が寄せてきて極めて視界が悪くなったテネリフェ空港で、KLM機が管制塔からの離陸許可を得ずに離陸滑走を始めたために、反対側から地上移動していたパンナム機と衝突して双方とも炎上した史上最悪の事故であった。

通常ならば、パイロットミスで済まされるような状況だったが、余りにも悲惨な事故で、しかも事故機の機長が超ベテランパイロットで重要な会社の管理職であったため、世界中が重大な関心を持ち、関係国の米国、スペイン、オランダの

３国が協力して事故調査を行った。その結果、それまでには論じられてこなかった新しい問題点が幾つも指摘された。

ここにそれらを再度引用すると、

- クルー間のコミュニケーションの失敗
- 状況認識の失敗
- クルー間の権威勾配の問題
- タイムプレッシャー
- 思い込み

等の問題点であった。

この頃には、既に事故調査にヒューマンファクターズの基本概念を応用するようになっていたので、操縦技術やマニュアルの問題以外にもこのような認知心理学の側面からも調査・分析が行われた。

それまでにはあまり論じられてこなかった「クルー間の権威勾配」という問題が初めて指摘された。事故当時の様子がすべて操縦室内のボイスレコーダー（音声記録）に残されていたので、ブラックボックスが回収されると直ぐに解析作業が行われた。

そして、当時のパイロットの会話が一部始終再現されて、事故原因がかなり正確に推定されることとなった。KLM機の機長は、乗員訓練センターの所長を兼務しており、取締役に内定していた権威の高い職位にあった。当時の操縦室内の雰囲気は、「セニョリティ制度」という言葉に象徴される通り、

セニョリティ（年功序列）制度

機長発令順に「年功序列」のような優先順位が決められていて、様々な権利が認められていた慣習制度を「セニョリティ」と言う。

例：
- ◆「経験豊富な機長」として，後進から尊敬される
- ◆飛行勤務スケジュールを優先的に選択する権利
  - • 飛行時間を稼げる効率的勤務パターン
  - • 1回の出勤で数日間効率よく飛行し休日をとれる
- ◆新機種導入時に優先的に移行できる権利
- ◆職制に対してもの申す権利（意見具申が可能）等

【図3－1】 航空におけるセニョリティ制度

我が国で言えば「年功序列」のような習慣が尊重されていた(図3－1参照)。

たとえ機長が間違った判断をしてもそれを副操縦士が指摘しようものなら、機長のプライドを傷つけることとなり、とても受け入れられる雰囲気ではなかった。

ここで、KLM機の機長の当時の心理状態を説明しておかなければならない。機長は予定外にこの空港に着陸したために勤務時間の制限が近づいてきていて異常に急いだ。その上、滑走路端で向きを変えたときにそのまま離陸滑走を開始しようとしたが、副操縦士に「まだ離陸許可がおりていません」と言われて、しぶしぶ「早く許可をもらえ！」と指示した。

そのような悪いタイミングで、「ルートを飛ぶための飛行承認」が管制塔からKLM機に与えられた。異常に急いでい

テネリフェ事故のボイスレコーダーの記録

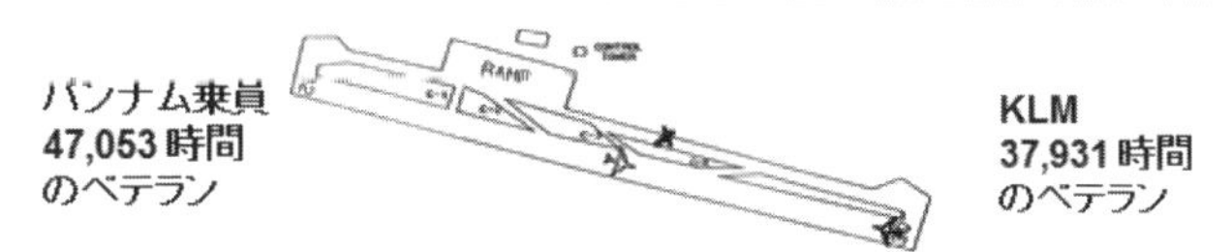

対管制塔

17.06.09 K Ah - Roger Sir, we are cleared to the Papa beacon, FL 90, right turn out 040 until intercepting the 325 and WE ARE NOW AT TAKE-OFF! 復唱、離陸する

17.06.18 T OK! 《このあとで、離陸は待て、と言っている》

17.06.19 P ...and we are still taxiing down the runway - Clipper 1736 まだ滑走路上だ

17.06.20 T Stand by for take-off, I will call you! 離陸を待ってください

17.06.25 T Papa Alpha 1736 report runway clear 滑走路を出たら知らせてください

17.06.29 P OK, will report when we're clear 滑走路を出たら報告します

17.06.30 T Thank you 有難う

機内

17.06.32 Flight Engineer: Is he not clear then? パンナムはまだ滑走路上ではありませんか　（極めて小さな声で）

17.06.34 Captain: What do you say? 何と言った？

17.06.34.7 Flight Engineer: Is he not clear then, that Pan American? パンナムはまだ滑走路上ではありませんか？

17.06.35.7 Captain: Oh yes (with emphasis) 分かってるよ！（強調する）

17.06.48 Impact 衝突！

【図３－２】 事故機の音声記録の解析結果

た機長はこれを離陸許可が出たものと受け止めてしまった。(図３－２参照)。

副操縦士がこの「ルートを飛ぶ飛行承認」を復唱している間に機長がブレーキを外して出力を上げてしまい、飛行機が動きはじめた。復唱しながらこの様子を知った副操縦士は「我々は離陸します！」と付け加えた。管制官が「離陸は待て！」と静止してくれることを期待したのであろう。管制官の許可なしに離陸するということは認められていないからだ。

ところが何と管制官は「OK ！」と答えてしまった。英語国民ではないので、「OK」が口癖だったようだ。

このやり取りを傍受していたパンナム機のパイロットは「我々はまだ滑走路上ですよ！」と叫んだ。やや遅れて管制官も「スタンバイテイクオフ！（離陸は待て！）」と指示したが、二つの送信が重なり合って雑音になってしまった。

KLM機の機長はそのまま離陸滑走を続けて、やがてパンナム機を霧の中に見つけるが、「時すでに遅し」で、事故を回避することはできなかった（**図3－2**参照）。

もう一つ助かるチャンスが操縦室内にあった。冷静に無線交信を傍受していた航空機関士が、「まだパンナム機が滑走路上にいるのではありませんか？」と言っていた。しかし、極めて小さな声でとても機長の耳には入らないような言い方だった。機長には軽く無視されてしまった。そしてこの三人のクルーも命を落とす結果となってしまった。

このような事故調査結果が詳しく公開されて、世界中の航空関係者の間で「クルー間の権威勾配」の問題が注目されることとなった[14)]。

権威勾配の急過ぎるクルーの関係では、副操縦士が安全上の問題を機長に進言できなくなる。逆に権威勾配がフラット過ぎると業務上の秩序が保てなくなる恐れがある。したがって、常に適切な権威勾配を維持する、という理論が確立された（**図3－3**参照）。

＜コクピット内の権威勾配＞
TAG（Trans-cockpit Authority Gradient）
コミュニケーションを阻害する要因となりやすい

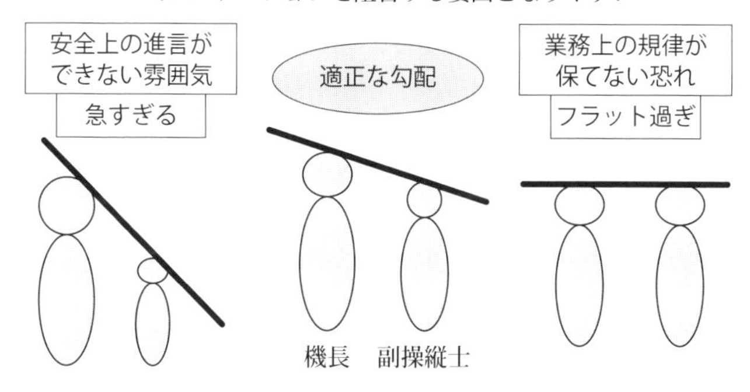

【図３－３】 適正な勾配を保つ

（3）　アサーション訓練の実際

具体的な対策としてCRM訓練に盛り込まれたアサーションスキルとしては、「権威勾配を意識せずに、気づいたことを言葉に表して率直に伝える」というわかりやすい行動目標である。CRM訓練の中では「安全への主張」として、次のように説明している。

権威勾配やタイムプレッシャー、緊急事態の下でも、安全性を確認するための手法。

①疑問に思ったことは躊躇せずに言葉に出す（Inquiry）

「沈黙は金なり」ではない！沈黙は「禁」である！

②自分の考え、意見を率直に伝える（Advocacy）

重要な情報や自分の意見を心の中にしまい込むのでは

なく、権威勾配を克服して言葉に出して相手に伝えることが大切である。これを「Advocacy」という。欧米では、子供の頃からこの考え方を教え込んでいると言われている。JR成田駅にて、時間調整して発車を待つ快速の座席で筆者が携帯電話でメールを発信しようとしていたら、7mくらい離れたところから白人（40代）が突進してきて、「この席では携帯電話を操作してはいけない」と注意した。そういう風に教育されているからなのだと思った。

③危険であると感じたときは自己主張の程度を強める（Assertion）

KLM機の航空機関士はできなかった。製造現場でも上司や先輩が聞き入れてくれなかったときには、繰り返すとか、声を大きくするなど自己主張の程度を強めることが大切である。

④意思の表明を受けた場合は、その人の疑問･質問／意見･アドバイスに積極的に応える。

意思の表明を受けた場合には、上司の側からは、その疑問、質問、意見進言などに積極的に応えることが大切である。これを「問い掛けと応答」（Challenge and Response）という。

このようなヒントを15分程度に簡潔に講義して、受講者はグループディスカッションによってアサーションに関する失敗談や経験談を話し合う。受講者は、単にコミュニケーションを上手くやるだけでなく、職位や年齢の上下関係などに影響を受けずに、正確に情報を共有化できることを目指して、具体的な心掛けや留意点に気づく。

最後に、発表会を持ってグループごとにディスカッションの結果、気づいたことを共有化する。ここでは、コミュニケーションの中でも特に職位や年齢など立場の異なるメンバー間のコミュニケーションスキルを中心に、それが開発された経緯とどのように訓練に活かされているのかを紹介した。

3－7　コミュニケーションの５要素

いくつかのコミュニケーションの手段や訓練の背景について述べた。効果的なコミュニケーションが実施され、業務がスムーズにいけば仕事の満足度もあがり、事故が減るだろう。次に、コミュニケーションの５要素を述べる。

①自分は何者だろうか

他者は自分のことをどう見ているのだろうか。自分には何ができ、何に価値をおいて、何を信じているのか。しっかりした自己像、特にプラスの自己像を持っていることが他人とのコミュニケーションにおいて大きな影響を与えている。そして、大事なのは自己像の自己認知と他人認知にずれがないことが重要である。

②積極的傾聴

ただ単に言葉を聞くのでなく、相手の言葉の背景にある意味、相手の感情を積極的に聞くことが大事である。積極的傾聴は対人関係を作り、深めていくのに最も基本的な行為である。

③自己開示

自分に関する考え・気持ちを偽らずに打ち明けることができることが健康な人格を持つことにつながる。自己を開くことは自己を積極的に活かすことであり、同時に他人の心を開かせていく相互的な関係にある。

④効果的表現

表現しないでわかってもらいたいと思うのはわがままであり、甘えにすぎない。効果的な伝え方とは必要なことをわかりやすく、正確に感じよく表現できることである。

⑤感情コントロール

効果的なコミュニケーションは単なる言葉のやりとりでなく感情に応えることであることを中心にしなければならない。

怒りの感情を心の中に単に抑え込んでしまうのは好ましくない。また、その感情を爆発させるものでもなく、率直な気持ちを冷静に表現できると良い。

相手の感情に耳を傾け、自分自身の感情を建設的に表現していく努力が対人関係を作り、心の交流を深め、共感の域に達することにつながる。

以上の５要素が調和され、統合されて初めて、効果的なコミュニケーションが維持され、豊かな人間関係が作られ、深められる。

3-8　ま　と　め

本章では「コミュニケーション」に焦点を当てた。チームで作業をする航空機の運転、船舶の運航、電車の運転、化学プラントの運転、外科の手術などでは効果的な情報交換が運転を円滑に実施し、事故を防止し、安定を維持するのに非常に大事である。チームとしてのミッションを達成する上でチームメンバー同志の良好なコミュニケーションは必須である。

このようにノンテクニカルスキルの中でもコミュニケーションは業務上の運転情報や「状況認識」で得た危険源情報をコミュニケーションの原意である「共有化」をして、組織員全員が労災およびプロセス事故を抑制するのを可能にさせる。運転員のコミュニケーション向上姿勢を維持することが今後さらなる事故防止に貢献するであろう。

ノンテクニカルスキルの重要性と有用性に気づき、その教育を実践した業界から事故は減っていくことがわかった。航空業界は大勢の乗客の死亡事故を繰り返し、そして気づいた。その後、義務教育化して教育を継続しているので離着陸時の事故はこの40年で8分の1に激変した。

化学プロセス産業においても同じようにノンテクニカルスキルが原因である組織事故が繰り返し発生しており、2011～2015年は重大な事故が続いた。技術的な技能でないルールの不遵守、声かけの重要性、権威勾配の克服、言い出す勇気など、コミュニケーション不全が原因の一部を構成したプロセス事故も多発している。

約30年前から事故の原因はノンテクニカルスキル起因がテクニカルスキル起因を逆転し、増加し続けている。高度な技術的専門性を要する作業ではかえってノンテクニカルスキルがその土台として運用をスムーズに推進させる。

ノンテクニカルスキル教育は航空業界から始まり、海運、医療、原子力分野に広がっており、その必要性はある特定の産業やある特定の職位の人に限定されるものでなく、鉄道輸送業界や産業界においても今や体系的な教育が必要になってきたといえる。

また、化学工学会安全部会主催のノンテクニカルスキル講座を受講後、会社でノンテクニカルスキル教育の企画書を作成したが、「上司が懐疑的だった」との意見があった。アンビションとパッションで説得してほしいものである。航空業界が解決していったように、日本の産業界もノンテクニカルスキル教育を実施することで事故防止に根本的に貢献するものと期待したい。

参考文献：

1）橋元良明，コミュニケーション学への招待，大修館（1997）
2）福田　健，なぜ自分をわかってもらえないのか，ダイヤモンド社（1993）
3）清水省三，そんな言い方では部下に伝わらない，創拓社（1995）
4）中村昌允，安全工学 Vol.54 No.3，pp177-185（2015）
5）畑村洋太郎，みる　わかる　伝える，講談社（2008）
6）Vision 2020　CCPS　http://www.aiche.org/ccps/resources/vision-2020（2015）
7）宇野研一，安全工学 Vol.54 No.2，pp109-114（2015）
8）Rhona Flin(小松原明哲訳)，現場安全の技術－ノンテクニカルスキル・ガイドブック，海文堂出版（2012）
9）潜水艦なだしお遊漁船第一富士丸衝突事件報告書，横浜地方海難審判所 https://ja.wikipedia.org/
10）CSB レポート U.S. CHEMICAL SAFETY AND HAZARDINVESTIGATION BOARD, http://www.csb.gov/investigations/
11）化学工学会安全部会，変更管理のあり方を探る，化学工学テクニカルレポート No.43，化学工学会安全部会（2012）
12）釘原直樹，人はなぜ集団になると怠けるのか，中公新書（2013）
13）Mehrabian A."Communication without words" Psychological Today 2 1968
14）石橋　明，リスクゼロを実現するリーダー学，pp141-159，自由国民社（2003）

第4章
意思決定

4-1　意思決定のフロー

ハーバート・サイモンは、意思決定の手順を「問題を認識する」➡「解決案を作成する」➡「選択をする」と定義した。この中で「問題を認識する」は状況認識であり、「解決案を作成する」➡「選択をする」がテーマ、意思決定にあたる。

この意思決定フローの第一段階は「状況を判断する」で何が問題になっているか判断することである。これは第2章状況認識で述べた、状況認識の第三段階で実施される未来予測からつながってきている。状況認識とコミュニケーションがうまく連動して、その当事者が正しい意思決定ができるといえる。

意思決定の次の段階は「意思決定を行う」で今から何を実施するのかを決めることで、サイモンの定義では、「解決案を作成する」➡「選択をする」が該当する。

航空機のパイロットにおけるトラブルは、第一段階の状況は正しく認識したが意思決定がうまくいかなかったよりは、状況を正しく認識できずに誤った状況認識に基づき意思決定を誤ったトラブルが多い。産業界におけるトラブルも何が起こっているかよく把握できないまま、あるいは第一情報を鵜呑みにして今までの経験で築き上げてきたメンタルモデルで判断してしまい、トラブルを発生させていることが多い。

状況認識とコミュニケーションが正しく機能しないと、その次に来る意思決定で正しい方向に挽回することは難しい。間違った状況認識の状態でそれを反転させる意思決定をすることで正しい方向に変える確率は非常に小さい。しかし、間違った状況認識をしてしまっても、コミュニケーションの段階で個人あるいは組織が気づけば意思決定の誤りから救われ、それにより事故を防げる。これには第3章で記したコミュニケーションの力を鍛えておくことが土台となる。その逆のケースは、状況認識とコミュニケーションが正しく機能している場合で、その次に来る意思決定はほぼ成功する。ただし、次節以降で述べる落とし穴に捕まると、せっかく順調に状況認識からコミュニケーションまでたどり着いたのに、災害の悪魔に肩をたたかれることになる。災害の悪魔は用心深くない人のそばにいつもいる（図4－1参照）。

【図4－1】　状況認識から意思決定までのフロー

4－2　意思決定の4要素

サイモンの意思決定のフロー「問題を認識する」➡「解決案を作成する」➡「選択をする」に関わる要素は、意思、知識、情報、思考である（図４－２参照）。

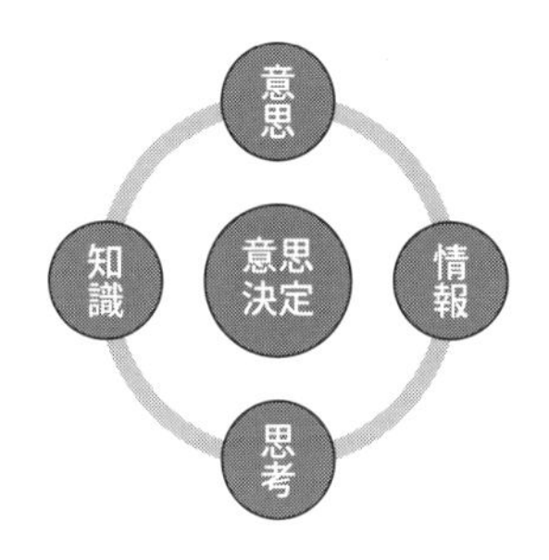

【図４－２】 意思決定の４要素

(1) 意　思

問題発見するのに一番大事な要素である。問題が発生しているかどうかを感じる意思がないと、発見されずに問題は通り過ぎていく。重要な兆候を含むプラント情報も見えない。改善意欲の高い人は要求水準とのギャップを問題と感じ、その問題を解決しようと考える。正常状態からの少しの逸脱でも大きく進展するかもと感じる力でもある。

(2) 知　　識

意思決定に係る情報とその法則などであり、意思決定のために必要な情報、例えば過去の事故記録や物質情報、個人が持っている経験則や知恵も知識に該当する。

(3) 情　　報

問題だと思ったときにその問題についての情報、あるいは問題解決のための情報を集めることで、過去に同じようなことが起こったときの記録やその問題が発生したプラントの各計器のトレンド記録を探す作業がこれに該当する。そのことはあの人に尋ねると良いなど、広い人脈が役に立つ。

(4) 思　　考

収集した情報を元に事実や推測からの意見交換をして、どのように解決していくか、策を考える。例えば、その問題が発生したプラントの各計器のトレンド情報を入手したら正常時と比較し、異常値がないかやその逸脱原因について考えることが挙げられる。解決に導く案を多く作成し、その中から最良と思われる案を選択することや、あるいは入手できない情報があって、論理的に思考が進まない場合でも、状況によっては経験や知恵に基づく直観もありうる。これは合理的に意思決定をすることと矛盾はしていない。後で考えると、情報収集にもたもたしていたが、最初の段階で直観的にたぶんこうなるだろうと思った方向に来たことがある経験を持っている人も多いと思う。

意思決定には入らないが、行動もその後の意思決定フローのPDCAサイクルに入り込む。行動は思考の作業で選択した計画を実施することで、製造行為、開発行為などの具体的な作業を伴う。実際は意志決定において選択した結果の検証行為でもある。行動を実施する段階で問題認識や再思考作業への新たな視点ももたらされることがある。実行中の感触で方向修正する場合がある。ここがPDCAのCAにあたる。

4－3　意思決定には自己認識が大事

自己コントロールの始まりは「自己を知る」ことから始まる。第９章行動特性評価の実際で述べるが、自分がどのような行動特性を持っているか把握できると行動・言動に抑制が働くようになる。「自己を知る」のもう一つの大事な側面は自分がどのような思考する人間なのかを知るということである。考え方のくせや見たことにすぐ飛びついて判断してしまう習慣を知っておくことである。

第２章２－４－２手順書の落とし穴で述べたマシュマロテストは、近い将来の利益より目の前の利益を志向するかどうかのテストであったが、目先にくらむ「現在バイアス」の傾向の高い方は改革の旗手になるのは難しい。発生してくる問題に対応するには迅速で重宝がられるが、意思決定は従来型になってしまう。

行動・言動や思考面の気づき・抑制から、「自己を知れば事故が減る。」ということが実現できてくる。結果として意思決定した後の作業でトラブルが減っているので、意思決定にも気づき・抑制が反映されたのだと思う。

人間は自分が今からやろうとしていることを認識して、さらにそれを行う理由も理解する能力を持っている。個人差はあるが、行動を起こす前に自分が何をしようとするか予測できるので、よく考えてから行動することができる。

逆のことも起こる。行動を起こす前に冷静に考えずに見た目がすべてだと思い込み、行動してからしまったと思うこともある。

自己コントロールする上で大切なのは、自己認識において自分で自分の感情や行動を認識することが次の意思決定の土台になる。自己コントロールの基盤あるいは①自己認識、②セルフケア、③自分にとって最も大事なことを忘れない、など自分が何を信じ、何にしたがって行動するかである。

意思決定の基礎構成図を**図4－3**に示す。

正しい自己コントロールに基づいた意思決定であれば良いが、そうでないとエネルギーを使わない安易な選択肢、例えば「つい簡単な方を選ぶ」、「いつもと同じように…」あるい

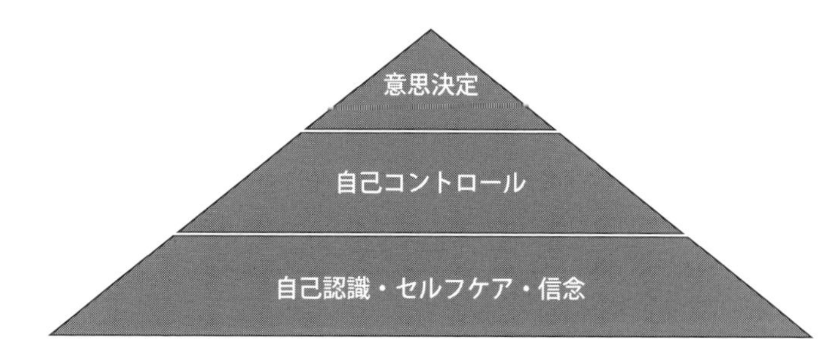

【図4－3】　意思決定の基礎構成図

は「面倒なことはしない」を選択してしまう。

私たちはほとんどの選択を無意識に行っている。多くの労災もそのような過程を経て発生したと考えられる。

過ちを犯さないようにするためには、行動の影響を予測する必要がある。無意識に行動してしまう傾向の強い人に自己認識の重要性をわかってもらうのが大事である。衝動的な選択をしている人にはその選択を、そのときに振り返ってもらい、なぜそうしたのかを定期的に考えてもらうことが自己認識の出発点になる。そして、衝動的な行為をしてしまった後で、振り返りを繰り返し行うことでいつもの行動パターンである衝動性から脱却でき、この活動を３年間、意識的に継続すれば自分のものになる（そのような人間に変わる）。今までの習慣的な思考パターンやくせのような行動をなくすことができる。自分で自律的にできる人もいれば第９章で述べるようにメンター（良き助言者）の助けが必要な人もいる。

本来の自分から離れていっている自分に気づかせ、最初の出だしを自分でできなくても、他者の力を借りて修正でき、自分でも修正できる。

4-4　小さなことから意思力を鍛える

意思力は限られた資源である。いつもフルパワーで意思決定をすることができない。意思力を使えば消耗していく。仕事の終わりがけや緊張した仕事をした後はかなり意思力を使っている。朝の時間帯が一番誘惑に負けにくいのはまだ意思力のストックがたくさんあるからで、一日の仕事が終わりに近づく夕方の時間帯になると自制心を要する作業でそれがうまくいかなくなる割合が多い。意思力のストックが少なくなり、ストックを減らしたくないと頭が本能的にエネルギーを使わない作業をしていくためだ。

心理学ではこれを意思力の消耗・枯渇と呼んでいる。意思力は鍛えねばならないとロイ・バウマイスター（米）は言っている。ルーティンジョブ的な意思決定は意思力の在庫が少なくなってもパターン化しているので、午後に実施し、大きな決断や企画など間違えてはいけないプレッシャーの高い案件は午前に決断するのがいいのかもしれない。不祥事をすることを決定するのも米国の研究所の調査では午後が多かった。なぜなら自制心の在庫が少なくなってくるからである。

トルコのジルベ大学ゲイリオット教授は、血糖値が低下への方向で小さくなったときには固定観念にとらわれやすく、他人を助けることがあまりないと研究成果を発表している。朝食を抜いたらいけなく、朝の栄養補給なしで会社へ行き、仕事をするのは昼食までにさらに血糖値が低下する。脳の中で最もエネルギーを使うのは自己コントロールを司る領域で、意思決定をするときに血糖値が低下中だったら、脳はエネルギー消費を抑制する最初の対象をこの自己コントロール領域を指定してくる。そして、自己コントロールの脳細胞内でブドウ糖の酸化を節約し、意思決定が安易になり不完全になる。

人類はほんの１万年前までは毎日食べ物を探すのに昼間の時間の大半を使っていた。森のはずれで仲間とうさぎを追っているときに、虎に見つかり、逃げるエネルギーを残しておかないと追いつかれる。マムシに飛びつかれようとしてもとっさにジャンプしてよけられるよう、瞬発用の糖分を使い果たしていてはいけなかった。当時の人類の死因は１位毒蛇にかまれる、２位猛獣に食べられる、３位落雷、以下７位木から落ちる、９位溺れるだった。そこを死なずに生き延びたのが我々の祖先である。

逃げる分のエネルギーは最低限持っていないと生命の危険にあった。そのような長年の生活で生命に組み込まれた血糖値の増減と思考のメカニズムは現代人の運転員にも変わるこ

となく受け継がれている。緊急時に備えエネルギーを使い切らないようにしている。緊急時が来なくても備えている。もう虎は来ない現代なのだから、最後まで使い切ってもいいのではと思う。

次に、血糖値と関連する話を紹介する。

AGC旭硝子において労働災害の発生時間帯別の割合を多くの労働災害から算出したところ、始業開始時の労災は少ないが、始業後2時間目、5時間目に労災発生割合が高かった。すなわち11～12時の時間帯と残業になった時間帯である。残業時間帯の労災が多いのは、疲労とストレスの蓄積も影響しているだろう（**図4－4**参照）。

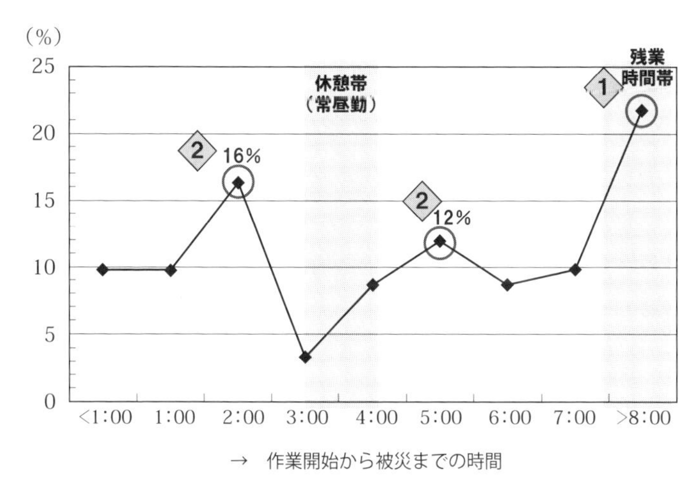

【図4－4】　始業後からの経過時間と労災割合

ノンテクニカルスキルには①状況認識、②コミュニケーション、③意思決定、④リーダーシップ、⑤チームワーク、⑥疲労管理、⑦ストレス管理のカテゴリーがあり、本書では疲労管理およびストレス管理については記述していないが、作業終盤の疲れて集中力が低下しているときや緊急時など過度のストレス下では、通常時ではうまく働く状況認識、コミュニケーション、意思決定、リーダーシップ、チームワークが働かないことがあることを覚えておく必要がある。安全意識の低下ではなく、血糖値低下がより考えない方向に行かせていると推察する。

実際、11～12時の時間帯および残業になった時間帯の労災が多いのは、これ以上の血糖値低下抑制の結果、注意力や集中力を要する作業において脳が自己コントロールにエネルギーを消費させず、自己コントロールを効かせなくさせているからだといえる。空腹になってくると、考えるのにエネルギーを使うのを避けるので、（より考えない方向に行く）「面倒でない作業」あるいは「より直感的な行動」、「衝動的な行動や判断」をしていく。性格的な面では空腹時怒りやすくなる。

この人間の特性を知り、部下の意思決定が誤らないように作業指示をする必要や自分への作業指示も間違えないように気をつける必要がある。例えば、スタートアップ作業で一連のラインチェックを寒い外で１時間もかけてやってきて、やっと休憩のため控室に帰って来たばかりの運転員が一息入れないうちに作業指示をしてはいけない。３交代職場で早朝からの勤務の人が15時からの急な残業でのトラブル対応作業においては、７時から勤務して11時に昼食をとっているので、15時には早い夕食前くらいに血糖値は下がっている。スタッフが差し入れた軽食を食べながら10分くらい休憩した後、危険予知を関係者で実施してから作業にかかるのが良い。このことに早く気づきたかった。筆者が旭ペンケミカル勤務（24～35歳）時のトラブル対応時、軽食を用意する心の余裕がなかったことを反省している。

自己コントロールの力を鍛えるには、いきなり大きな目標を作らず、最初は小さなことを継続してその継続実施による小さな満足を自分で得て、小さな自己コントロールの力をつけていく。そして、段々と難しいことやハードルの高いことを目標にして自己コントロール力を向上させ、その行動を継続していく。

例えば、自問自答力向上（思い込み防止の究極の手法；２－５思い込みを防止するには参照）という大きな行動目標を定着できていない自分がいれば、いきなりまだできていない自問自答力向上を習慣化させようと思わず、あまり強く意識しなくてもできそうだと思う「作業前に一呼吸置く」あるいは「朝の安全体操に参加する」などを設定すると良い。周りの人らがこれらの活動を実施しているので、その雰囲気の中で自分も同じ目標を作るとその活動は着手しやすい。小さな活動目標から着手することをすすめる。

人間は良いことでも良くないことでも、それをやっている仲間をまねしようとすることがある。これを目標感染と呼んでいるが、リーダー格の口癖や髪型がまねされるのはこの例である。組織的な要因がなかなか除去できないのは、すでに「まね」が広まっているからである。社用車で外出時、後部座席でシートベルトをしてからでないと発車しない行動を上司が取れば、次の運転で部下は模倣する。第３章３－６安全への主張で述べた「危険であると感じたときは自己主張の程度を強める」ことを上司が実施すれば、部下も模倣するものである。

この特性を利用して、第９章行動特性評価の実際で述べるメンターによる指導において行動変容のため良好行動・言動の誘導もできる。リーダーがやっていることは仲間意識の共有のためにも自分もやった方が賢明だと思わせることや自分だけ変わる必要があるのかと思わせないことである。最初はそれほど積極的でなくても新たに決意をして継続した実績はこれより少し高度なことも実施できる可能性を高くする。これを繰り返していくと脳はすぐに行動しないで、考えるようになる。今から実施する行動をそれで良いのか考えて判断できるようになる。

ちょっと我慢するような自制心を要する小さなことを継続してやると意思力が強くなる。こうすることで個人の意思決定力は磨かれていき、次第に大きな決断や緊急時の難しい決断もできるようになっていく。

個人の意思決定力が磨かれた後は、組織の意思決定力の向上が課題となるが､良好行動を模倣されるような上司がいて、上記のように小さなことから意思力を鍛えてきた個人の集団では、数年もすればその集団の意思決定力は個人の意思決定を相互補完する揺るぎなく強いものになるだろう。

限界状態で世界記録を出せるようなアスリート曰く、疲労についてもう限界だと思っても、それは筋肉の限界でなく脳が判断したにすぎなく、強い希望力があれば筋肉痛をがまんして42.195kmを2時間ちょっとで走れる。身体の調子のいいときは腹痛も起こらないだろうが、足はつりそうになっていることがある。

意思決定力を鍛えようとしていても、ルーティン的意思決定の罠が存在するのは、長年定型的な作業の割合が多い組織（職場）であると思われる。そこでは作業の標準化、構造化、コミュニケーションの単純化、興味の内向化が進み、意思決定においても省エネ化という悪影響がもたらされるときがある。これは長年の安定と変化の少なさで、（良い面もあるが）個人レベルにおいて内向化により、新しいことに取り込む意欲が少なくなったりして、現状肯定の姿勢となってくる。こういう場面でノンテクニカルスキル教育の意義をリーダーが唱え、実行の旗振りをするには労力がかかる。しかし、他にも多忙な部署長としての業務があり、自分の部署長期間で取り込まなくてもいいだろう、先代も取り込まなかったのだからと自己弁護すると改革は進まないだろう。特に部署長の交代が少ない中小規模事業所ではこのようなことに陥らないように自覚する必要がある。

前述のように長年定型的な作業の割合が多い職場が意思決定を省略しやすいが、どの組織も暗黙の内に意思決定の進め方について自分たちの習慣や癖が発生している。どのような傾向があるのか？

①思考手順を考えるより課題の内容についての知識や見解

を出し合う。

②目的や目標について意見交換するより代替案の良否を比較しやすい。

③問題の発見や情報の認識に相違があっても、事実認識の相違を確認しあうより見解の相違と決めつけがちである。

④声が大きい人の意見がよく通る。

身につまされた人も多いと思う。

4－5　意思決定の落とし穴注意

人は自分から言い出したことは、その後もそれに従って終始一貫した行動をとるとは限らない。

朝の危険予知ミーティングで良いこと・模範になるようなことを言って、やった気分になってしまい、それとは違うきまりを守らない、悪いことをやっても構わないと思ってしまう。あるいは保護具をつけようと労災防止のことを考えて、した気分になってしまい、実際は保護具を着用しなかったことが起きる。

ノンテクニカルスキル教育の4時間講座を受講して、最初の目標である5カテゴリーや3科目構成のプログラムを理解したとして十分満足してしまい、当面の目標である事業所でノンテクニカルスキル教育を始めるという、次のステップにいかないことがある。

「思い込み防止のために自分で決めた行動目標はどのくらい進歩したか？」と自問自答するか、あるいはメンターが尋ね、「向上した」や「△が○に変わった」という返事がくると、進歩したのでさらにがんばろうと期待したいが、手を抜いてしまうことがある。手抜きが起こらないようにする良い質問は、「思い込み防止のために今どのような努力をしているか？」、「ノンテクニカルスキル教育の実施に向けて今どのような心構えであるか？」または「なぜその誘惑に負けなかったのか？」と尋ねることである。なぜで聞かれると自制心が向上する。達成したことを尋ねるのでなく、努力する姿勢や心構えを維持させる質問が良い。

常に頑張っていても指差呼称ができないのはなぜだろうか？　昨日は指差呼称をよくやったから、今日はまあいいだろうと考えているからである。あとで挽回できると思ってしまうと今日もやらない。そして明日になると次の日はもっとできると思い、先送りする。良いことや正しいことを自己コントロールで自分に強いるともう一人の自分が反発し、その行動・言動をやらせないことが起こる。それは相反する感情の存在である。

意思決定を間違えるケースは落ち込んでいるときやストレスを感じているときで、脳はとりわけ誘惑に負けやすくなる。

面倒な保護具をしないでポンプを切り替えることや、変更管理規定で決まっているがこのくらいの変更工事は部署長に連絡しなくても良いという誘惑も魅力的に感じるのである。そして、不祥事や労働災害や石災法の異常現象が発生してしまう。

部署単位で行う再発防止ミーティングで部署長は以下のように伝えるといいのかもしれない。

- 仲間がやっていることに自分もやった方が賢明だと思わせる。
- 自分だけ変わる必要があるのかと思わせない。
- 自制心を持って行動するのは、みんなが当たり前にやっていることと思わせる。

4－6　産業界における意思決定上の事故事例

4－6－1　関西電力美浜原発事故

2004年8月9日、関西電力美浜原子力発電所3号機で、定格熱出力一定運転中に復水配管が破損し、近くにいた作業者5名が死亡、6名が重傷する事故が発生した。

運転中の原発で起こった、日本で初めての死亡事故となった。

[状況]

15：22　火災報知器が動作。

15：26～　緊急負荷降下を開始。

15：28　　警報（給水流量異常）が発信し、原子炉が自動的に停止、続いてタービンが自動停止した。

15：35～15：40　タービン建屋2階踊り場で倒れていた2名を搬出。

15：50～16：10　タービン建屋2階配管破損部付近で倒れていた4名を搬出。

15：45～16：30　タービン建屋1階手洗い所にいた5名を搬出。

18：30頃　　搬送先の病院で4名の死亡を確認。

8月25日　　もう1名が死亡。国内原発史上最悪の事故となった。

〈復水配管〉

- 外　　径：560mm
- 肉　　厚：10mm
- 材　　質：炭素鋼
- 最高内圧：1.27MPa
- 最高温度：195℃
- 蒸気流量：1,600t /Hr

〈破口箇所〉

- 長　　さ：約570mm
- 最小肉厚：0.4mm
- 流出蒸気：約885t（推定）

〈オリフィス〉

• 内　　径：335.3mm
• 材　　質：SUS304

［直接原因］

• 肉厚測定箇所の要管理箇所が点検リストから漏れていた。
• 該当箇所が点検リストから漏れていた。

そして、これらが修正されないまま長年にわたり放置されてきたことが原因となった。

「オリフィスの二次側はエロージョンが起きやすい」ことは知られていたが、1990年策定のPWR管理指針［技術基準に従って配管の必要最小厚みを計算し、余寿命が2年以下の場合は、取り替え（計画）を行う］で、スケルトン図と点検リストを突き合わせることになっていたが、きちんと実施されず、点検リストから漏れたままになっていた。その結果、高温熱水配管オリフィス二次側の配管減肉に気づかず、配管破損事故となった。

調査報告書には「平成6年～16年の間で、配管の必要最小厚みを計算する際、配管の最高使用圧力を使用せず、それよりも低い運転中の圧力を使用して計算するなどして、配管の余寿命を延ばし、取り替え時期を先送りした（67部位）」と記述されていた。

［間接要因］

点検漏れが発見された後、関係者への連絡が不十分であり、その後の点検計画に適切に反映されなかった。

1996年　配管点検業務を三菱重工業から日本アーム社へ移管

1997年　日本アーム社が高浜4号機で今回と同一部位の点検登録漏れを発見

2001年　日本アーム社が美浜1号機で今回と同一部位の点検登録漏れを発見

順次横展開を図っていたが、「全面的な点検」をすることにならず、美浜3号機で危険個所が点検されることなく大事故に至ってしまった。

［背後要因］

- 点検リストを定期的に見直すしくみがなかった。
  （一度作ったらそれっきりで、点検登録漏れも、妥当性も確認しなかった）
- 事業所間（高浜原発と美浜原発）、発注者と受注者間（関西電力と日本アーム社）の意思疎通、コミュニケーションの不足があった。
  （点検登録漏れがあったのに、その情報が生かせなかった）
- 該当配管ですぐに大事故が起こるとは考えなかった。
  （点検の労力、気遣いは炉心側に集中、二次冷却側は甘

く扱われていた）

我々はどうか？似たような状況はないだろうか？

［類似事故］

今回の事故より18年前の1986年12月９日、米バージニア州サリー原発２号機でも同様の事故が起こっていた。事故の後で思うことは、この事故での教訓が事故防止に活かされていればということである。

請負作業を担当する会社がきちんとやるものだと思い込んではいけない。彼らの意思決定を指示会社はサリー原発の事例を教えて支援すべきであった。高浜４号機での登録漏れの発見から美浜１号機での発見まで４年もかかったが、指示会社は早くやれと介入すべきであった。**表４－１**に二つの事故データを示す。

【表４－１】　事故事例データ

原発名	美浜３号機	サリー２号機
破損箇所	オリフィス二次側	循環ポンプ吸入エルボ
運転時間	19万時間	7.7万時間
100％出力時	142℃、0.93MPa、2.2m/s	190℃、2.40MPa、5.2m/s
配管径・設計肉厚	560mm、10mm	450mm、12.7mm
被災者数	11名（うち死者５名）	８名（うち死者４名）

4－6－2　コスモ石油千葉事業所の災害

2006年４月16日、５時37分に減圧軽油脱硫装置の第一水素製造装置のセパレーター胴部の開口で漏洩水素ガスが着火した。その爆発で付近の軽油配管のフランジが開口し、軽油も漏洩し火災となった。炭酸ガス吸収セパレーターの胴板の開口部の肉厚が0.7mmまで減少して内圧1.8MPaに耐えられなくなり破れた（1.0mmが最小肉厚）。

当時の水素流量は24,700㎥/hrで、漏洩量は水素約9,700㎥と軽油約10.6㎥であった。被害の状況は第一水素製造装置のエアフィンクーラーなどの損傷、制御室の窓ガラス、屋根、計装機器および操作盤の損傷であり、幸い人的被害はなかった。

このセパレーターは事故後、全面更新されたが、原因は事故の10年前に構造を変更した際に腐食する部位を肉厚測定定点に追加しなかったことである。この事故では腐食しやすい部位で減肉した。

構造変更の場合、影響評価および検証をする必要があり、肉厚測定定点の見直しと減肉傾向の管理強化を含む変更管理システムの強化が望まれた。

定点としていない箇所も腐食環境下における流れの変更点（急なエルボ、ポンプサクションなど）について肉厚測定を行い、安全性を確認する通達がすぐに千葉県庁から県内の事業所に出され、AGC旭硝子千葉工場もすぐに見直した。

緊急時対応の反省は、安否確認が挙げられる。現場周辺には近寄れず、制御室（現場の近傍のため窓のガラスは割れていた）で従業員の安否を確認したが、１名が見当たらず、周囲の状況から被災したかもしれないと付近にてしばらく安否の確認を行ったので、消火活動がすぐには開始できなかった。その後、別の制御室に退避していることが確認できた。

安否確認に手間どったので、予め定めた場所に協力会社を含む従業員を集合させ、安否確認後（人員点呼）それぞれの任務を指示する必要があった。

非常防災体制発動後に被害が拡大した要因には本章で述べた意思決定が関係する。この事故ではないが、訓練不足や人員の変更により予め定めている防災体制で、実際に発生した問題点を挙げると、

- 指揮者が全体把握できない。
- 現場の情報を共有化できない。
- 傍観者・指示待ち人間が発生する。
- 行動が特定の人間に集中する。

AGC旭硝子千葉工場ではこの事例を2007年秋のノンテクニカルスキル教育の題材とした。新入社員（定期採用者、中途採用者、他場所からの転入者もすべて）の集合教育の２日目の２時間が保安防災導入教育の時間となっており、この事故の背景・経過・原因・再発防止を話し、ヒューマンファクターに関わるコミュニケーション、思い込み、意思決定の重要性を印象づけている。

4－6－3　三菱化学鹿島工場の爆発火災

2007年12月21日11時30分に発生、鎮火確認は12時間後であった。分解炉のデコーキングが終わり、分解炉出口配管にクエンチオイルを遮断するために入れていた仕切板を抜き取り作業中に何らかの原因で空気駆動弁が開き、クエンチオイルが流れ出し、発火して火災が発生。下の架構で断熱作業をしていた協力会社の社員5名が亡くなった。漏洩したクエンチオイルの量はポンプが止まるまでに約165tとなった。

事故原因：

- 工事管理の不徹底
- 空気駆動弁の施錠がされていなかった
- 空気駆動弁の空気元弁が閉められていなかった
- 空気駆動弁の操作スイッチが入った

被害拡大要因：

- 災害の緊急性を想定できず、適切な避難誘導ができなかった
- 階下で断熱作業を同時に実施していた

事故後の発火源対応：

- 稼動中のプラント設備開放工事近接場所での火気工事の禁止の基準化
- 協力会社を含めた作業者に対し静電気教育の充実
- 稼動中のプラントの開放工事での静電靴の着用の徹底
- 発火源になる高温部断熱の維持状況を定期的に点検する

［茨城県火災事故調査委員会の指摘］

事業所のリスクの評価､把握が不十分であったこともあり､適切な工事安全管理ができていなかった。

- 人的要因が拡大した原因としては、仕切板入替作業と階下の断熱作業を同時並行で実施。
- 災害の緊急性を想定できず、適切な避難誘導ができなかった。
- 組織･人の問題として不安全を不安全と認識していない。必要と認識（決定）していた安全に関わる操作を基準化しておらず、個人の安全意識に頼りすぎ。

［安全文化の構築］

- 事業所長が繰り返し伝えた安全に対する思いや方針が第一線現場作業員まで浸透していなかった。
- なぜそうしなければならないのか（Know-Why）という教育の不足と現場に潜む危険を察知する感性と是正するしくみが不十分であった。
- 従来からの取り組みに加え、外部有識者の意見を積極的に取り入れ、地域の文化に根ざした安全文化の醸成を図る。

［管理上の問題点］

- 不安全を不安全と感じることができなかった。
- 必要と考えていた操作を規定化していなかった。遵守意識が低かった。

• 形骸化したものにならないよう適切に機能するように！

ルールの形骸化が原因で起こったでもう一つの大事故は、2003年９月、ブリヂストン黒磯工場での火災である。床の修理のため火気使用（溶接作業）をして、その落火が階下の可燃物に着火し、燃え広がった。約２日にわたり、３haの建屋と出荷待ちの冬用タイヤ15万本が燃え続け、住民は避難を強いられた。

• 火気を伴う溶接作業は、事前届出と立会人の必要を規則としていたが、原因となった溶接作業は無届けで立会人も不在であった。
• 工場内に安全対策規定はあったが、従業員らに遂行、遵守させるための教育、訓練が不十分であった。
• 責任の枠組みから診る
• 関係法令・契約・から役割・責任はどうなっているか
• しくみ（社内ルール・規定）に立ち返る
• そもそもこの事故を防止するしくみは何だったのか？
• なぜそのしくみが機能しなかったか？

AGC旭硝子･千葉工場ではこの事例を2008年春のノンテクニカルスキル教育の題材とした。この教育時には魚獲り演習を50分間実施して、意思決定における声掛けなどについて学んだ。

4−7　個人生活における意思決定

普段の日常生活での各種意思決定の習慣が仕事上にも同じように影響していく。例えば、駅に車で急ぐときに、焦って何度も車線変更する人は、仕事をする上でもタイムプレッシャーに負けてルールを守れないときがあるだろう。電車において、駆け込み乗車防止のホーム放送があっても、階段からダッシュしてきてかばんがドアに挟まれ、発車を遅らせた人は、会社でもこのくらいだったらいいだろうと横着に構えて安易な危険予知をするだろう。高圧ガス保安法の保安係員

になるための国家試験に勉強不足で不合格になる人は、自分に対して学習計画を推し進めることができない意思力の弱さがある。上司は本人と合意の上で学習進捗管理表を作らせると良い。

日常生活で影響度も小さく意思決定の持続時間が短いもの、例えば歯磨きをすることや朝の挨拶はあまり考えることなく習慣的に実施しているが、影響度が大きく考える時間が長いものの例は、どこに住むかとかなどいつも意思決定することでなく、熟考を要するものである[2)]。

DuPont社の安全審査員は、交通事故など会社外で事故を起こす人は会社内でも事故を起こす相関となっていると述べている。事故を起こす人は会社で労災を、外では交通事故を起こしてしまうが、そうなってしまう状況認識、意思決定の持ち主なのだ。個人生活と会社内ではその意思決定のおよぶ範囲が違うし、自己責任の度合いも違うが、個人生活においても流されないで計画的に意思決定していると会社の中でも計画的な意思決定ができる。

参考文献：

1）ケリー・マクゴニガル，神崎朗子訳，スタンフォードの自分を変える教室，大和書房（2012）
2）中島一，意志決定入門，日本経済新聞出版社（1990）

第５章 リーダーシップ

5−1　リーダーシップとは

リーダーシップの定義は組織やチームが自ら持つ目標や課題を実現する上で必要としている働きかけをしていることとされる。リーダーシップの実績とは生産量、原単位や売上高という数字だけの結果だけでなく、部下や運転員への働きかけ・指導育成、さらにその結果として、部下や運転員が働き甲斐をもって会社へ来て働いているということも含まれる。リーダーの主体者は上位者とは限らず、課員自身による働きかけも広い意味で含む。５−７事故事例で述べる４件の事故のようなことが発生しないように、組織の上位者から順にリーダーシップを働かせる必要がある。

経営学者のピーター・ドラッカーは「リーダーとは目標を定め、優先順位を決め、基準を定め、それを維持する者である」と語り、リーダーは旗振り役として、メンバーの進むべき道を示すのが役割であるとしている。

預かっている部署全体のテクニカルスキルの向上とノンテクニカルスキルの向上はバランスが良いことが望まれる（第１章図**１－１**参照）。

組織が成長・発展するには、次の基本条件が満たされていて安定的に業務が遂行でき、リーダーは課員を意欲づけて、マネージメントをしつつリーダーシップを発揮する必要がある。

①優れた製品やサービスが評価され、提供し続けること。
②そのための課題が明確にされ、確実な実行方針を持っていること。
③その方針を安定的、機能的に実行できるしくみが整備されていること。
④上記の方針を組織メンバーが理解し、受け入れて、行動していること。
⑤安定実現以外に成長追及のための変革が計画され、実行されていること。

③、④および⑤は方針の伝達、部下の意欲づけ、変容の先頭に立つなど、第３章で述べたコミュニケーションが重要な役割を働かせる。

リーダーシップのスキルは業界の違いはあるが次の五つである。いずれもテクニカルスキルではなく、人間と関係するスキルである。

①働きかけスキル

チームの目標を決めて、行く方向のベクトルを合わせ、個々人の任務遂行にやる気が出るようにメンバーに働きかけるスキル。

②オープンなコミュニケーションスキル

チームの目標達成のため、リーダー自身がオープンなコミュニケーションがとれるスキル。

③連携構築スキル

チームメンバーが連携できて、相互に調整できるようにするスキル。

④フォロワーシップスキル

リーダーのその上司への働きかけおよび部下はリーダーへの働きかけ（フォロワーシップ）が取れるスキル。

⑤人材育成スキル

チームメンバーのテクニカルスキルおよびノンテクニカルスキルがバランス良く向上できるようにアドバイスできるスキル。

このようなことができていれば、部下や上司から良いリーダーだと思われる。尊敬はされなくても、信頼されてくる。欧米で出版されたリーダーシップに関する書籍の日本語訳版には「リーダーは部下から尊敬されていなければならない」という記述を見るが、尊敬されるのは難しいと思う。信頼されて敬意を持たれる表現があてはまりやすい。リスペクトという英語には、日本語の「尊敬」より浅い意味での「よく評価されている」が当たるのではないかと思う。

⑤人材育成スキルの内容であるノンテクニカルスキルについてアドバイスができるスキルの修得は、リーダー一人が頑張っても個々人に働きかける時間が限られており、部下のメンターをキーパースンに指名して、その組織一丸となって取り組むのが全体の向上に貢献できる。リーダーは組織全体の旗振り役であるので、自らもノンテクニカルスキルが高いことが望まれる。そうでないとノンテクニカルスキル向上のための適切なアドバイス・指導はできないだろうし、メンターに働きかけることができない。人材育成スキルが不得手で、メンターに人材育成を丸投げして関与しないのは良くない。

石油・石油化学・化学業界における連続運転プロセスの製造部門リーダーの生い立ち例をたどると、入社後１年で３交代職場の一つの直の主任（班長など会社によって呼称がちがう）となり、４直３交代のある１直のリーダーとなる。まだテクニカルスキルを修得するのに精一杯の時期であるが、現場の運転員と一緒に連続運転の維持を担う。その後、日勤に変わりプラント運転全般を担当する主任（プラント主任）となる。ほとんどの会社は３交代は経験させず、プラント主任からの勤務が多い。大きな部署には２、３のプラントがあり、一つの部署に複数のプラント主任がいる。やがて課長補佐となり、課長を支えるサブリーダーとなり、リーダーとなる。課長だけがリーダーでなく、そのチームで一番上の者がリーダーの職務を要求される。

筆者も入社して最初の３カ月は日勤（８：30～17：00勤務）でプロセスを覚え、３交代勤務に入り、10名の運転員達と毎日８時間を共にした。筆者より４年早い入社で早番日勤のプラント主任をしていたM氏から、手書き記述でグラフも方眼紙に書いた温度トレンドの入った過去の事故記録や氏名入りのその部署の労災記録を渡され、それらをすべて読んで頭にいれておくように指示された。

その部署で取り扱う主要物質の物性（密度、蒸気圧、比熱、

熱伝導率など）を記載したＡ５判約100ページの有機課ハンドブックの新品を渡された。それは、女性事務員がかなり時間をかけて作成したもので、40年経った今でもフロンの沸点を調べるときなど、重宝している。自社開発したプロセスの開発記録も読み、熱収支も勉強した。筆者が直の主任になったため、１年早い入社のＹ氏はＤ組の３交代勤務を降り、すでに日勤で忙しく仕事をしていた。あるとき「南川君、技術者は会社で支給された化学工学便覧を使うのでなく、自分用に買わなくてはいけない」とアドバイスされたので、千葉市のセントラルプラザの多田屋（今はかつての場所にはない）で初任給の15分の１もする価格の便覧を購入したことを憶えている。

事故記録は夜勤時に一人でいた事務室で読んだ。下の階には制御室と控室があったので、一緒に勤務していた運転員に事故当時の内容や被災した人はどんな怪我をしたのか尋ねた。当時はプラントごとに制御室が設置され、それぞれの制御室担当者がパネル計器を操作していた。そこにいた10名はすべて筆者より年長であった。あの頃はノンテクニカルスキルという言葉はなく、リーダーとして課員のスキル向上を考えるより、上司や年長の班長からのフィードバック（良い指導）に対応して自分のスキル向上を目指していた。また、50歳の分区長が若い作業員や運転員をメンター（当時この言葉はなかった）的に行動特性を指導しているのも見た。ノンテクニカルスキル教育は誰がやるか、指名はされていなかったが自然とベテランの担当だった。当時まだ若かった筆者は状況認識力を身に着けるため、先程のような事故記録を読むなどの指導を受けた。

5－2　働きかけスキル

人の話を聞くことは、リーダーにとって身につけるべき重要なスキルの一つである。マネージメントは生産管理表や設備資産が対象であって、人間にするものではない。人は管理するものでなく、人にするのはリードである。

リーダーシップとは共通の利益になるとみなされる目標に向かって熱心に働くように人々に影響を与えるスキルである。スキルとは学んだり、身につけたりする能力で、他人に働きかけてその気にさせて、それなりの行動をとってもらえるようにするスキルであり、誰でも習得できる。

あの人に頼まれたから実施するとか、あの人のためなら進んでやろうというのは個人の影響力によって自分の意志通りのことを誰かに進んでやってもらうスキルである。また、リーダーには変革を実施することも求められる。そのためには自部署の問題点が何であるか、把握する力も必要である。

外から入ってくる情報は自分のメンタルモデルのフィルターを通ってくるが、いつもメンタルモデルは正しいとは限らない。ときどき見直す必要がある。周りが変化しているので、自分の信念やパラダイムを見直さないと、古くなっていき、立ち往生したり、悪い方向に行ったりする。自分を変化させることで今までいた居心地のいいところから出て、ものごとを違った見方でみて、行動をとらざるをえない。

多くの人は今までのやり方を変えるのは面倒であるし、不安だと思っている。だいたい苦労して違うことをやったり、そのような不安を持つよりは今まで通りの決まったやり方をしたがるものである。そして、その傾向になっていくスタッフや運転員を導くのは常に問題意識を持って先頭を走る勇気あるリーダーの働きかけスキルである。

ジョン・コッターは自身の著書『リーダーシップ論』で次のように述べている[1)]。

「組織を動かす人々はマネージメントとリーダーシップとしての仕事を両方こなすようになってきている。マネージメントの仕事は計画と予算を策定し、階層を利用して、職務遂行に必要な組織を構築し、人々をコントロールによって任務を全うしてもらうことである。また、リーダーとしての仕事はビジョンと戦略を作り上げ複雑ではあるが、同じベクトルを持つ人々を背景に実行力を築き社員のやる気を引き出すことでビジョンと戦略を遂行することである。」

5－3　オープンなコミュニケーションスキル

リーダーは人が話しているときに話をさえぎって自分の意見を言ったりするのを避けなければならない。

話をさえぎるということは相手の話を聞いているときに頭の中で自分が言おうとしていること・考えをまとめていて、相手の話をあまり聞いておらず、こちらの答えを先に言おうとしたので相手には話を聞いてもらえなかったという気持ちが残る。相手の意見を最後まで聞かなかったのは、それに価値を見出していないという意思表示をしたようなものである。

第２章状況認識で述べた定型作業の割合の多い職場では作業の構造化が進み、業務の安定化や効率化が進んだが、コミュニケーションの単純化も同時に進行し、運転員には思考や行動・言動をワンパターン化させる副作用がある。

そして、この副作用が長年続くと、それは個人レベルから始まっていた変化がやがて集団レベルに広がる。最近の事故原因はテクニカルスキルの要因は減り続け、ノンテクニカルスキル要因は高止まりであり、一方で上記の副作用など組織が持つ思考のパターンや風土が構成する組織要因が台頭してきた。**図５－１**に事故要因の推移図を示す。

作業の標準化や構造化はそれ自体は悪くなく、もともと集

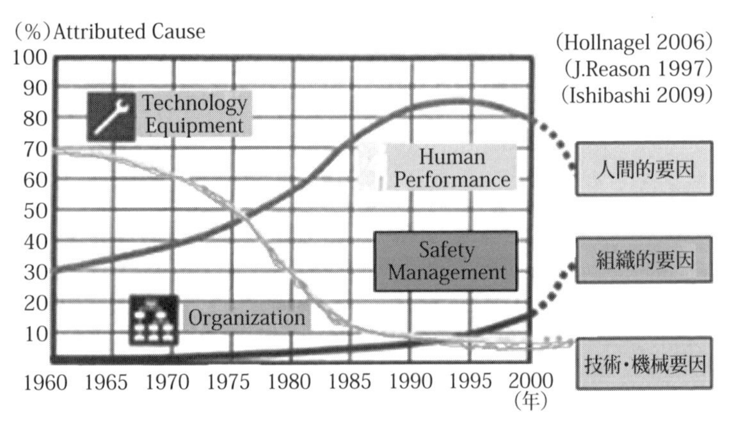

【図５－１】 事故要因の推移図

団に良い結果をもたらしてきた。リーダーはこの副作用による職場の変化に気づき、硬直状態からの脱却のための課題を形成して、運転員の行動特性を変革する必要がある。しかし、自分の預かる職場にいては気がつかないことが多い。気づくのは他部署との比較という自部署認識（個人は自己認識）が有効である。

特に作業手順書を守ることがGMP（Good Manufacturing Practice）で強く規定されている医薬品製造業務では、どちらかというと自分の頭で考えることに消極的になってくる。第２章２－４－２手順書の落とし穴で述べた、教育されていてもできないときがあるのはなぜだろうか？ベテランは手順をよく知っているのにトラブルを起こすのはなぜだろうか？これらのことを運転員と話し合うことで何が課題かが見えてくる。問題があるのに何が課題か把握できないと、リーダーは良い成績をあげることはできない。目指す方向が示せないことになるので、方策立案までいかず、気がつかず、問題は拡大することになる。

5－4　連携構築スキル

リーダーや現場の監督者は従業員や運転員をお客様と考えて、彼らが何を必要としているか見極めて応じようとするのが大事である。リーダーとは従業員や運転員を支配したり、管理したりすることでないと気づくだろう。奉仕することができる人物ということになる[2)]。

つまり人を導くためには奉仕しなければならないということである。彼らの欲求でなくニーズを見極めてそれに応えるということである。ニーズとは人間として良い状態にあるために、心身が正当に求めるもので、欲求や心身に及ぼす影響を考えない希望である。

組織を動かす上でリーダーシップの発揮が重要になってきている。そして、リーダーとは人間同士の複雑な依存関係を操り返しながら役割を果たすものである。そのため、力をふりかざすのでなく、インフォーマルな人間関係をうまく処することが組織を動かす人々の重要な仕事になってきている。

マネージメントは複雑さに対応し、リーダーシップは変革を推進する。それぞれの役割から二つの違いは、

①課題の特定

②課題達成を可能にする人的ネットワークの構築

③実際に課題を達成させる

それぞれ、具体的手法が違う。

同じ目的を達成するのにリーダーシップはどうするか？一つの目標に向けメンバーの心を統合するものである。互いに手を取り合ってビジョンを理解し、その実現に向け尽力できている人々に新しい方向性を伝える。

マネージメントの過剰とリーダーシップの不足に陥っている企業は、長期計画を金科玉条のごとく押しいただくという間違いをしてしまうことが多い。進むべき道をはっきり示すことができず、環境変化に対応できずにいることに対して、長期計画が特効薬を果たすと誤解している。明確な針路を持たないと短期的な計画を立てるだけで時間とエネルギーを使ってしまう。

だが、リーダーシップは違う。ビジョンを現実のものにするには、強いエネルギーがいる。コントロールすることで組織の構成員を正しい方向に導くのでなく、動機づけと啓発によって人々の内なるエネルギーを燃え立たせるものである。コツは達成感、帰属感、認められたいという気持ち、自尊心、

自分の人生を自分で切り開いている実感、理想に従って生きているという思いなど人間として基本的な欲求を満足させるものである。

5－5　フォロワーシップスキル

フォロワーシップとはリーダーに協力する姿勢をいう。人心をまとめあげるのと組織編成は違う。メンバーの力を結集するのは、いかにうまく設計するかでなく、いかにコミュニケーションを図るかという側面が強い。組織を編成する仕事より多くの人々とのコミュニケーションが必要になる。その相手は部下にとどまらず上司、同僚、他部門の社員、行政、お客様にまで及ぶ。

リーダーはその上司へのフォロワーシップ、部下はリーダーへのフォロワーシップを働かせるのが、組織全体として調和のとれたリーダーシップをとっていることになる。

5－6　人材育成スキル

第９章９－４行動特性評価の成功モデルで述べる、メンターによる良好事例の指導は運転員の習慣化を目指している。

原因と結果に関する古い諺に「考えは行動・言動になり、

行動・言動は習慣になり、習慣は人格になり、人格は運命になる。」がある。

人生半ばで振り返ったときに自分の人格に気づく。最初のうちは意識して実施していたことは、3年経てば習慣となる。そして、無意識で実施できるようになる。人生を終えるときに振り返る出来事すべてが運命なのだろう。

考えや感情が行動・言動を促進するが、その逆も真実で、行動・言動も考えや感情に影響している。肯定的な行動・言動から肯定的な感情が生まれる。指差呼称をやり続ければ、その内指差呼称の根本的な目標であるトラブル防止のため「一呼吸おく」という慎重さが身についてくる。相手の発言中に割り込んですぐさま反射的に自分の考えを返答していたのが、相手が話終えるまで待って、慎重に発言できるようになってくる。米・ハーバード大学の心理学者ジェローム・ブラナーは「私たちは感情から行動を起こすより、行動から感情を発しやすい」と述べている。

リーダーシップのスキルを身につけた後、信頼されるリーダーとは

①絶えず部下のことを物理的に気づいている。

②部下のいいところを発見してほめる。

③部下のためになることを言う。あるいはしてあげる。

第2章2－5思い込み防止で述べた思い込み防止の手法としての他者へのその都度の報告は、運転員が実施していても

リーダーが見ていないのでは指導のレベルに差がつく。

この上司は私のために動いてくれていると思うようになり、信頼を得るようになる。そうなれば上司の指示にも気持ちよく応じてくれるし、ちょっとした兆候も伝達してくれる。

5－7　リーダーシップの修得ステップ

今日の組織はリーダーとマネージャーの両方の行動パターンを必要としている。リーダーシップの意味を明確にしない限り、リーダーとしてふさわしい器量を身につけることはできない。せっかくリーダーシップ研修を企画しても的外れな内容になる。ときにはふさわしくない人物がリーダーの職位につくことがある。リーダーシップとマネージメントは別々の個性を持ちながらお互いを必要としている。

良いも悪いも新しい行動・言動の習慣やスキルを身につけるには４段階があり、リーダーシップを修得するのにも適用される。

第一段階：「無意識で未熟の段階」

その行動・言動を知る段階をいい、例えば保護具を使用する、ゴルフをする。

第二段階：「意識していて未熟の段階」

保護具を使用する方法を知ったが、そのやり方が身についていない段階でまだぎこちなく、不自然である。ゴルフをし始めたがヘッドアップをしないとか、その都度覚えたことをチェックしながらようやくボールが真っ直ぐ飛ぶ。

第三段階：「意識して熟練の段階」

新しい行動・言動をやりはじめ、慣れた段階で、まだ意識下だが自然にできるようになっている。

第四段階：「無意識で熟練の段階」

やることが無意識下で自然にできる段階をいい、例えば保護具は制御室を出るときに装着する習慣になっていた。ゴルフで自然な状態でティーアップし、いつも通りスィングができて練習通りの飛ばしができた。

リーダーが行動・言動を習慣にしてほぼ無意識に自然にで

きる段階で、もうこの段階に達すると良いリーダーとなっている。リーダーとはどういう個性かでなく、どういう人間であるかが重要である[3)]。

アメリカの先住民族の言葉「あなたが生まれたときにあなたは泣き、世界は喜んだ。あなたが死ぬときは世界が泣き、あなたが喜ぶような生き方をしなさい。」

「人にしてもらいたいなら人がしてほしいことをせよ」。利己的な壁を破り人に手を差し伸べ、自分のニーズよりも他者のために努力するときに成長できる。自己に没頭する度合いが弱まり、「他者意識」が強まる。他人に奉仕する精神を持つかどうかでリーダーの度合いは決まる。

5－8　リーダーシップの事故事例

5－8－1　富士石油重油間接脱硫装置の熱交換器破損事故

1992年10月16日、富士石油袖ケ浦製油所で熱交換器から漏れた水素ガスが爆発・炎上し、10名死亡、７名負傷の大事故となった。10月１日に触媒交換のために脱硫装置の稼動を中止し、16日に稼動を本格的に再開した。

15：30頃　熱交換器E-2801Aのホットボルティング（増締め）作業開始。

15：42頃　作業終了。その後、熱交換器E-2801Bのホットボルティング作業に移行。

15：47頃　熱交換器E-2801B上部の検知孔付近で白煙が発生し、作業中断、待機指示が出された。

15：52頃　熱交換器E-2801B付近において爆発・火災が発生した。

人的災害に加えて、物的被害は直接被害額約24億円に及んだ。

ロックリングの離脱によってロックリング（900kg）とチャンネルカバー（2000kg）が飛散・衝突し、また水素ガスの高速噴出によって爆発・火災が発生した。秒速158mで飛び出し、120m飛んだ。

主な原因は二つあり、一つ目はチャンネルカバーの裏側に設置され、気密性を確保する目的のガスケットリティナ（円盤状、SUS321）は、ラチェッティングによって経年的に直径減少するが、適切な交換が行われず、また不適切なグラインダー補修と相まって、降温時にガスケット溝を超えた乗上げ、かみ込みが生じ、昇温時にガスケットとの接触不良が発生し、すきまの拡大によって水素ガスの漏洩発生に至った。

二つ目の原因はインターナルフランジセットボルトは先端のつぶれで管側の内部部品の熱膨張変形を吸収する役割を持っているが、適切な交換が行われず、チャンネルカバーセットボルト荷重が増大し、ロックリングが曲げ変形し、ロックリングの経年的な直径減少をもたらした。

この事故の教訓として産業界が得たものは、定期的な交換に際しては、部品の交換基準を確立し、これに基づき適切な保守管理を行う必要があるということである。

設備オーナーと設備メーカーの間の役割分担が明確化されていなかったため、設備オーナーの操業上の都合と開放検査・整備を行う技術者の独善的な判断が、事故の原因となった。非定常作業での事故発生が全体の約80％を占める。

失敗が起こりやすい作業例を以下に挙げる。

- 過渡期；スタート、シャットダウン、ホットボルティング、銘柄変更、原料変更など
- 撹拌の停止、再開、立ち上げ
- 空気との接触、高圧空気
- 廃水、廃油
- ラインアップとパージ
- 入槽作業（タンク、ドラム、塔など）
- 並行作業、並行工事
- 静電気の蓄積

変更管理で重要な視点は、そのようなことは起こらないという組織としての思い込みの呪縛から誰が解放して、チームとして深いリスクアセスメントができるかどうかである。

設備不良の中で目立ったのは、設計思想を確認せずに運転条件を変更したり、材料変更によって失敗した事故である。もう一つは第２章２－６－１の事故事例で述べた鹿島石油の

重油脱硫装置加熱炉火災ではコーキング点のコーク厚みの測定や第４章４－６－２の事故事例で述べたコスモ石油の腐食箇所の厚みの測定の不備など設備管理部門と運転部門のチームワークの境界で起こる事故である。当時、市原市の小学校１年生だった次女のクラスメートの父親がこの事故で亡くなった。７歳で父親を亡くした。悲しかった。

AGC旭硝子千葉工場ではこの事例を2009年のノンテクニカルスキル教育の事故題材とした。

5－8－2　英国バンスフィールド油槽所火災爆発事故

2005年12月11日、６時１分に英ロンドンの北約40kmにある油槽所でタンク22基が炎上し、10万kℓの貯蔵燃料のうち６万kℓ焼失した事故が発生した。この事故で43名が負傷し、周辺住民約2,000人が避難した。この油槽所の取扱物は、ガソリン、航空燃料、軽油、灯油で、英国中西部のスタンローおよび中東部のキリングホルムにある製油所からパイプラインで受け入れていた。ここからヒースローおよびガトウィック空港へ航空燃料をパイプラインで送液（ヒースロー空港の燃料需要の約40%出荷）し、さらに燃料をローリー約400台／日で払い出していた。600kℓの泡薬剤を合わせ、合計約４万kℓの水を投入、４日間かけてようやく消火できた。この火災は第二次世界大戦以降、欧州で最大の火災事例となった。爆発の衝撃は英国地質調査所がマグニチュード2.4の振動を観測したくらいである。

12月10日19：00頃　油槽所にあるHOSL社のNO.912タンクへ、パイプラインにて無鉛ガソリンの受け入れを550m^3／時で開始した（約11時間で満槽になる予定）。

12月11日3：00頃　（記録によると）NO.912タンクのレベル計が動かなくなった。

（指示が、3分の2のレベルのところで、フラットのままに無鉛ガソリンの受け入れは550m^3／時で継続された（**図5－2**参照）。

同5：20　NO.912タンクが満杯となり、溢流が始まり、タンク側壁から滝のように燃料が落ち始め、燃料・空気の混合気が、防油堤内に滞留する。

同5：38　（監視テレビの記録によると）防油堤北西コーナーから西方向に、燃料蒸気が流れ始める。

同5：46　（監視テレビの記録によると）蒸気雲の厚さが2mに達し、防油堤全周から流れ出始める。

同6：01　最初の爆発が発生。以降約30分の間に、続いて起きた複数の爆発と大火災で、周囲のタンクが次々と爆発・炎上。

最初の爆発は、タンクオーバーして流れ出したガソリンが作った燃料蒸気雲による爆発と推定される。その後は、隣接タンクへの延焼と爆発によって壊れた防油堤から漏出した燃料の拡散により、火災の拡大が進んだと見られる。

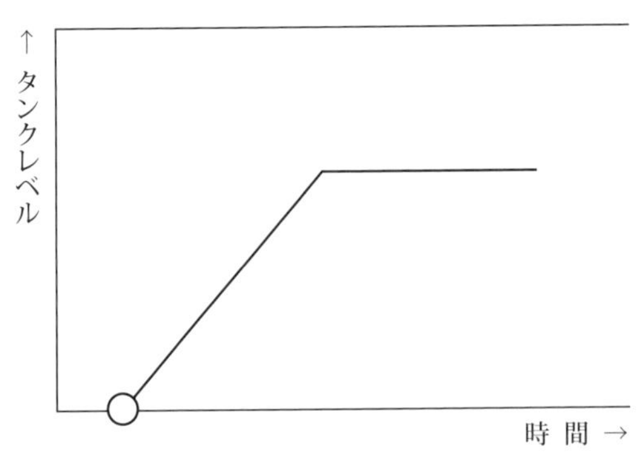

【図5－2】 ガソリンタンクのレベル指示計の動き

原因は液面計が正しい指示を出さなくなったことであるが、ATG（Automatic Tank Gauging System）とは独立して設置されていた液面上限安全スイッチ（液面が上限に達すると、場内および送油元へ警報を発して、受け入れを自動停止するスイッチ）も作動しなかった。

タンクの管理会社HOSL（Hertfordshire Oil Storage Terminal）社は安全管理について、英国王立事故防止協会から職業安全に関して2002～2005年に「金賞」を連続受賞し、「安全企業」の評価を得ていた。数々の安全･保安設備は装備されていたが、設備･計器の点検、動作確認はできていなかった。タンクオーバーするまで誰も気づかなかったという、チームワーク上の課題があった。

AGC旭硝子千葉工場ではこの事例を2007年春のノンテクニカルスキル教育の題材とした。教訓は計装機器の機能検査は決めた頻度で実施しなければならない。それを製造部門も設備管理部門も情報を共有化しておくことである。

5－8－3　北陸トンネル火災で車両を止めて大惨事

1972年11月6日1時9分頃、北陸トンネル内（13.870km）を走行中の大阪発青森行き急行列車「きたぐに」（15両編成）の11号車食堂車喫煙室椅子下から火災が発生。それに気づいた乗客からの通報を受けた車掌の車掌弁操作と機関士の非常停止措置により、列車は「規定に基づいて」直ちに停車した（敦賀側入口から5.3km地点）。

乗務員は列車防護の手配（対向の上り線に軌道短絡器を設置し、信号を赤にする）を行った上で消火器等で消火作業を開始したが、火勢が強まり鎮火は不可能と判断し、車両の切り離し作業に取り掛かった。しかし、火勢の激しさとトンネル内の暗闇で作業は難航した。

1：24頃　11両目の食堂車と12両目客車との間を60m切り離した。

1：29頃　トンネル両端駅である今庄、敦賀両駅に救援を要請するとともに、引き続き火災車両より前部を切り離す作業に取り掛かった。

1：52頃　熱でトンネル天井に設置されていた漏水誘導用樋が溶け落ち、架線に触れてショートを起こし停電したため、列車は身動きが取れない状態に陥った。

敦賀駅から2時43分に第1次救援列車、6時43分に第2次救援列車が現場に送り込まれたが、煙がひどくて近寄れず、トンネル内を避難する乗客を乗せて引き返した。全員の救助が終わったのは14時であった。

火災が無人の食堂車で発生したため発見・通報が遅れたこと、火災車両から発生した猛烈な煙と有毒ガスが排煙装置の無いトンネル内に充満したこと等の悪条件が重なり、結果として30名（内、1名は指導機関士）が死亡し、714名にものぼる負傷者を出す事態となった。死因は全員が一酸化炭素中毒死と断定された。

異常時の行動と幸運…

同時刻に上り線を急行列車「立山3号」が走行していたが、軌道短絡器設置による赤信号により事故現場から約2km手前の木ノ芽信号場で停止した。その後、軌道短絡器が軌道から外れ（避難者が蹴飛ばしたものと推定されるが、最終的に原因は不明）、信号が青になったが、運転士は異常を感じつつも徐行で出発させた。

300mほど進んだところで「きたぐに」から避難してきた乗客を発見したため、ドアを開放し225名を救助、その後トンネルを今庄側に逆走して脱出した。「立山3号」にとっては幸運なことに、「きたぐに」の区間では停電していたにもかかわらず、今庄方にわずか2kmほどの「立山3号」の位置では給電が継続されていた（**図5－3**参照）。

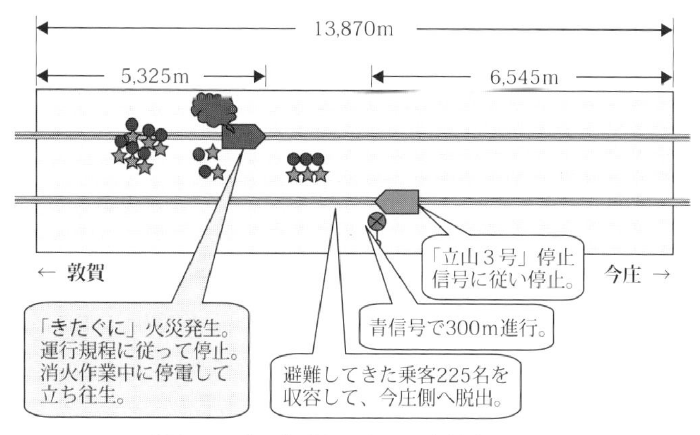

【図５－３】 北陸トンネルの事故車両位置

運転規程の改定について

この事故を重く見た旧国鉄は、外部より学識経験者も招聘し「鉄道火災対策技術委員会」を設置、1972年12月の大船工場での定置車両燃焼実験や翌1973年８月の狩勝実験線における走行車両燃焼実験を経て、1974年10月、宮古線（現・三陸鉄道北リアス線）の猿峠トンネルにおいてトンネル内走行中の車両を使用した燃焼実験を世界で初めて実施した。

その結果から、これまでの「いかなる場合でも直ちに停車する」よりも「トンネル内火災時には停止せず、火災車両の貫通扉・窓・通風器をすべて閉じた上でそのまま走行し、トンネルを脱出する」ほうが安全であることが証明されたため、運転規程を改めた。トンネル内のほか、橋梁上や高架橋上でも停止しないことになった（青函トンネルのような例外はある)。併せて北陸トンネルのような長大トンネルであっても、トンネルを脱出するまで延焼を食い止められるよう、車両の難燃化工事が進められた。

生かされなかった機転～硬直した組織

「きたぐに」事故の前に、同様な事故が発生していた。1969年12月6日6時20分に青森発大阪行き寝台特急「日本海」で、北陸本線敦賀～今庄間の北陸トンネル通過中に最前部電源車から火災が発生。機関士はとっさにトンネル内での停止は危険だと判断し、当時の運転規程に従わず、トンネルを脱出して停車してから消防車の協力を得て消火作業を行い、火元車両焼損だけで無事鎮火させた。

このことは、乗客の安全を守る機転のトンネル脱出として、好意的に報道されたが、当時の旧国鉄は、この犠牲者・負傷者ゼロをもたらした殊勲のトンネル脱出の判断を、運転規程に反映させるのではなく「運転規程違反」だとして乗務員を処分。結果として3年後、急行「きたぐに」での大惨事を引き起こす結果となった(「きたぐに」事故後に行われた運転規程改定後に、乗務員に対する処分は撤回された)。

AGC旭硝子千葉工場ではこの事例を2008年春のノンテクニカルスキル教育の題材とした。

5-8-4 テソロ製油所での爆発

2010年4月2日0時30分、米ワシントン州シアトル北部にあるテソロ社の製油所でナフサ改質装置の熱交換器Ｅのシェルが破裂して爆発、７名が死亡した。

事故５日前に片系列の熱交換器３基のチューブ内面スケールを掃除するためこの片系列を運転から切り離し、３日間の掃除が完了し、４月１日夕方から起用作業に入っていた。ナフサと水素の混合物の熱交換器入口状態は圧力が4.5MPa、温度が54℃であり、ファーネス出口状態は圧力４MPa、温度350℃で熱交換器通過後の温度132℃となっていた。

原因：

①高温水素アタックで炭素脆化が起こることはよく知られていたが、炭素鋼の焼きなましもせず、(本来、もっと

高級材料を採用すべきであった）建設されていた。

②水素分圧を上げる運転条件の変更時も炭素脆化を考慮しなかった。

水素分圧を変更する運転条件の変更管理が有効でなかった。

水素分圧と温度での水素アタック関係図で有名なネルソンのカーブの存在を知らなかったのだろうか？

③4月1日22：30から片系列の熱交換器3基の起用は現場では一人で実施することになっていたが、操作する弁が多く、主任が5名に加勢の依頼をした。

事故後の対応：

・切り替え作業という危険作業を廃止するため、2系列熱交換器はやめて1系列熱交換器にした。

・チューブ掃除はプラントを停止して実施する。

・熱交換器の材料を高級材料に変更した。

・熱交換器のシェル側の入口と出口温度計を設置した。

テソロ製油所の関係者は運転条件を変えたときには新たに危険源が発生すると思い、（技術資料見て）初心に帰ってチェックをすべきであったと述べた。

炭素脆化の度合いを検査するのは難しいと思って検査しなかった。

前任がしなかった検査は代替わりした後もしなくなる傾向にある。心理学でいう多数の無知という現象が発生した。多数の無知（Allport, F.H.,1933）とは、集団や社会の成員が互いに、自分の行為は自分の感情や意見と一致していないと思うにもかかわらず、他の人の行為は当人の感情や意見を反映したものだと推測することで、傍観者各自は、自分が最初に過剰に反応して恥ずかしい思いをするのを恐れて介入しないのだが、他の人が介入しないのは、その事態が介入を必要としない事態だと解釈する。このテソロでの事故も、前任も考えて検査を実施しなかったのだ、それは前任の関係者皆で正しいと判断したのだろうと推測したのである。

参考文献：

1）　John.P.Kotter，黒田由貴子訳，リーダーシップ論―いま何をすべきか，ダイヤモンド社（1999）
2）　ジェームズ・ハンター，髙山祥子訳，サーバント・リーダー，海と月社（2012）
3）　古川久敬，チームマネジメント，日経文庫（2004）

第6章 ノンテクニカルスキル能力の開発

個人においてノンテクニカルスキルの良い習慣を身につけるのは容易ではないが、組織となればその個人の集合でもあり、さらに修得の難易度が上がる。組織の構成員同士のソーシャルキャピタル（社会関係資本）が高ければ、すなわち絆が強ければ、個人のノンテクニカルスキル向上は組織全体のノンテクニカルスキル向上に貢献できる。

6-1　自分の能力開発

2015年、ノンテクニカルスキル講座（化学工学会安全部会主催）の質疑応答時にこのような質問があった。「権威勾配が強い課長にはどのようにそれを改善してもらうことができるでしょうか？」

一番の解決策は早くご自身が権威勾配が強いと感じてもらうことだと回答した。

第一のステップは、自己認識することである。事故防止をしていく運転員と同じように、能力開発したい人は今の自分の姿を知り、現在の自分がどのようになりたいかを知ることが能力開発の一歩となる。必ずしも自分が自分のことを一番知っているとは限らないので、職場の同僚や上司（あるいは部下）に日頃の自分の観察結果を話してもらうことだ。普通はこのステップさえ越えられない。なぜなら、自分がそんな風に評価されていたのかと大抵の人は認めたくなく、また、認めるまでに長い日数がかかる。特に自尊心が強い人や勝気な人は認めるまで日数がかかるか、認めることに頓挫する。

第二のステップは、中国の昔の諺にあるように「方向を変えない限り、現在向かっているところにたどりつく」ので、自分を変えようと決意表明することが大事である。望ましい自分を目指し、第三のステップや第四のステップで決める今後やるべき行動・言動を継続していくことを固い意志で、決意することにより弱みの改善ができる。習慣化していなかった具体的な行動・言動は３年継続すれば無意識にできる才能に変化し、やがてその人の人となりとして形成されていく。

第三のステップは、変えたい自分に求められる能力を目標として掲げる。権威勾配が強い課長がそれを改善しようとする場合は権威勾配の克服である。あるいは部下から相談されたときにどちらかというと優柔不断な人は、その克服が目標となる。強みの強化と弱みの改善の二通りがある。将来を見すえて、改善しておくことが重要だと思える能力の場合は弱みの改善となる。

第四のステップは、第三のステップで設定した対象能力を構成する具体的行動・言動を数件取り上げて設定する。あまり得意でないポジティブフィードバックを取り入れたいなどが具体的行動・言動の対象となる。部下の良い仕事や行動・言動をその場でほめて、さらにその行動・言動が強化されていく。ネガティブフィードバックは改善してほしいことを伝えることで、おそらく多くの上司は日頃の部下へのフィードバックにはネガティブフィードバックの割合が多い。米国で働く日本人マネージャーの下での現地スタッフの離職率は米国人マネージャーに比べると高い。いい仕事をしても何も話さないからである。

話し言葉においても権威勾配の象徴ともいえる「君はいつもそうなんだ」「言った通りやれないのはなぜか？」を意識的に避けるようにする。言葉よりは顔の表情や声の調子、体の動きが権威勾配的なものも避ける。伝える内容よりはこのノンバーバルな要素が聞き手に大きく影響している。権威勾配の克服という課題であってもこのステップで具体的な行動・言動を設定すると、何をやらなくてはいけないか取り組みやすくなる。

権威勾配を２年で克服しようとする場合、具体的な行動・言動の一部は次のようになる。

①相手の提案や相談の会話は、最後まで聞いてから自分の発話を開始する。
②相手を指で指さない。
③自分の考えが間違っていたら潔く認める。
④声の調子をソフトにする。
⑤相手を威圧するような目線を送らない。

第五のステップは、改善計画の作成でどのようなときにどのような行動・言動をするか、第四ステップで決めた具体的行動・言動をスケジュール化する。計画にはどの能力を開発したいのか？も書き入れる。

職場の人達に支援してもらうことは何か？自分が実行する具体的行動・言動はどのようなことか？どのくらいの期間で達成するのか？自分だけでできないときがあるので、周りの人達にフィードバックも依頼する。2、3年くらいかかる計画の中で、今月の目標・今週の目標や今日の目標を定める。短い期間での目標を設定して、それを実施できると達成感があり、次の期間のやる気をもたらす。2年先のなりたい姿が遠くても、一日一日の積み重ねが目標達成を近くするものである。よく見てくれる職場の同僚にフィードバックをもらうと、自分の視点からは見えない他人の視点からの意見が得られるので改善が進みやすい。

第六のステップは、周りの人達からのフィードバックで改善を進める上で、周りの人達の意見を聞き、自分が取り組んでいる実行状態を振り返り、計画とのずれを修正していく。ずれを修正する場合、やろうとしていてできていない割合が高い行動・言動は早めに意識して集中して改善を繰り返す。周りの人達からのフィードバックで改善の成果を感じれば次の励みとなり、いいスパイラルに入っていくことが期待できる。周りからも能力開発が期待されていると自分で思えるようになり、その改善は進み、能力は次第に強化されていく。

第七のステップは、成果の確認をして実行計画の中の次の段階に移行し、レベルアップを目指す。例えば、権威勾配の克服という目標を立て、具体的な行動・言動として２年で克服しようとする場合、最初の６カ月は第四のステップで掲げた①～⑤を目標に立て、いつも意識して実行していく。最初のうちは今までの自分を曲げるくらいの行動・言動になるが、意識的に演技するつもりで実施する。

６カ月後の職場の人達（実施することを実施前に告げる）に変わったかどうか、自分の状態を評価してもらう。その次の６カ月は先の６カ月での目標を引き続き実行し、さらに上乗せで難しい課題を設定する。

①偉そうな口ぶりで話さない。柔和な顔の表情になるように努力する。

②意見交換時、自分の考えを押し通そうとしたり、言い訳をしようとしたときはぐっと我慢する。

③前記のようなときに険しい顔になっているのなら、わざと口角を上げて話す。
　自分が実施しようとしていることについての出来を職場の人達に変わったかどうか自分の状態を評価してもらう。できていなかったときのことも話してもらう。
④部下も業務の意思決定に参画させる。
⑤自分は聞いていないことがあっても何も言わない。

6-2　部下のノンテクニカルスキル能力開発

　人は簡単には変わらない。部下に安全態度を変えてもらうことは難しい。状況認識やコミュニケーションの力を伸ばすにはどうすれば良いか？基礎の力がまだ足らない場合は自発的にといっても自ら取り掛かれないときに、ある程度反復作業のようなことを本人にその気にさせてやってもらわねばならない。平尾誠二・ラグビー元日本代表監督（その前は神戸製鋼ラグビー部GM）は「高校（伏見工業高）のとき、ラグビーの練習がきつくていやだった。でも苦しい練習を続けていくうちに、自分が強くなっていくのが実感できた。そして練習がおもしろくなり、先生に言われなくても自発的に練習に取り組むようになった」と述懐していた。ノンテクニカルスキル修得は肉体的に苦しい練習は伴わないが、ゆっくり時間をかけて本人にその修得の重要性を気づかせ、長期伴走型の育成が望まれる。

部署の長は成果達成および人材育成の任務を帯びる中、日々のOJTで行動特性指導をしたりするときに、必要なのは第5章で述べた人材育成スキルである。

開発できない能力はない、開発できない人はいない、と思ってノンテクニカルスキル向上に取り組もう。部署長などに位が上がると人間は共感の力が落ちるので、運転員の育成担当は長年同じ釜の飯を食べてきたスタッフか係長クラスが良い。AGC旭硝子千葉工場は2015年から行動特性の指導を部署長からスタッフか係長クラスの担当とした。行動特性の指導者であるメンターもスタッフか係長クラスが指名されている。

そのやり方を簡潔に10個紹介する。状況や相手やノンテクニカルスキルの修得要素に応じて変わる。

①情報提供法

部下の考え、行動・言動や感情を変容させるのに便利な方法で、企画する上で参考になる本を紹介したり、現在の進捗を他者との比較情報を与えたりする方法である。

②助言法

情報は知っていても次の行動に移せない部下に対し、良いアドバイスをすることで知恵・経験の伝授もこれにあたり、部下にはうれしい。

③スーパービジョン

助言法より行動・言動の細かいことを指示する方法で対人関係の業務で自己流になりがちな人には早めのスーパービジョンが有効である。

④強化法

こちらが望む行動・言動を部下がした場合、ほめてより意欲づけをするものでより正の強化が働き、ますますやる気が出てくる。日本人はあまりほめないので、意識的に実行すると良い。

⑤シェーピング法

ほめ方をステップごとに実施するもので、次の課題に無理なく向かわせる。登校拒否の子供を治すのによく使われる。上司側にステップ計画が必要。

⑤フィードバック法

部下が実施した仕事の評価を上司が実施する。部下の仕事の後、何も言わないことが多い部署長が多いが、ちょっとしたことでもほめることで関与されている（無関心でない）と思い、本人が気づき、改善されていく。第５章リーダーシップで述べた働きかけ能力やオープンなコミュニケーションスキルがフィードバック法には特に役立つ。

フィードバック法にはポジティブフィードバック法とネガティブフィードバック法があり、前者は良かったことをほめ、正の強化をする。後者は改善してほしいことを指摘する。両者ともに事実に基づき話す必要がある。

⑥自己開示法

他人の前で自分をさらけ出す方法で、部下の失敗時、「自分も若いときにこんな失敗をした」と個人的体験・そのときの感情を告白することである。自己開示されると部下も共感し、部下からの開示も起こり、上司に近づきやすくなる。あるいは上司の告白行動・言動を模倣して対処するかもしれない。しかし、権威勾配の強い上司はこれはできない。自分のミスなどを部下に話すことなど、弱みを見せたくないからである。

⑦モデリング法

部下に見本を示すことで、それができる行動・言動を上司は持っている必要がある。ただし、上司側から起こす手法でなく、部下が自然に模倣するようになるものである。

⑧説得法

相手の行動・言動を変容させようと上記の助言法からモデリング法と比べるとやや強引に説得する方法でその行動・言動の損得を話し、改めさせるやり方である。

⑨対処法

上司としてでなく個人として部下にありのままの姿をさらす手法で、だいたいのやり方を実施した後での最後の方の手段である。

⑩契約法

最後に残る方法が感情的にならず行動・言動を変容させる

方法で「年に5件の提案の提出が義務なので、君は少ないができるか？」と、約束しながら実施する契約法である。

参考文献：

1） 米田巌，部長の資格，講談社現代新書（2013）
2） 國分康孝，上司のための心理学，生産性出版（1995）

応用編

第7章

ノンテクニカルスキル力を高める演習

7-1　はじめに

航空界でのノンテクニカルスキル教育と産業界でのノンテクニカルスキル教育には大きな違いが二つある。

一つ目の違いは、メンバーの構成である。航空界のチームはパイロット、副パイロット、キャビンアテンデントで構成され、フライトごとにメンバーが変わり、空港管制官も交代勤務なので、パイロットは誰と交信するかは固定されていない。産業界は職長、職長代理など同じメンバーで3交代の勤務のグループを構成されている。保全部門も固定メンバーで修繕を実施している。ほぼいつも同じメンバーであるので、良い人間関係が維持されるとコミュニケーションが良好となるが、第3章で述べたような権威勾配などの弊害には弱い。一方、航空界は言葉ひとつの解釈でテネリフェ空港事故（第

２章２－７－２項参照）が起こったため、アサーションや３Wayコミュニケーションを重視したチーム能力を向上させるのに力を注いでいる。産業界は流量、圧力、温度、レベル、組成の各種変動を監視して、プラントの連続運転をしている。主に状況認識からコミュニケーション、そして意思決定最後にそれに基づく行動まで、地表で保全部門や職能部門などと関係しながら、一つのプラントを数十人で運営している。少人数の運転の航空機に比べると大勢の関わりであることから、どこかで組織的要因の影響を受けやすい。現実に組織的要因が事故原因の割合を占めるのが大きくなってきている。

二つ目の違いは、航空界は状況認識の失敗あるいはコミュニケーションの失敗がほんの一瞬で墜落や衝突という結果を招き、多くの事故がそうだったようにメンバーおよび搭乗者全員の死亡に繋がることがある。そのため、パイロット自身もしっかりノンテクニカルスキル訓練に参加して、積極的である。航空界の墜落を産業界にたとえ設備の爆発とすると、その原因を設備の設計者が20年前に作っていたり、10年前の変更管理の失敗が今回の爆発を招いたり、過去３年間の計器の機能検査をしなかったことがガソリンのオーバーフローを起こしたり、検査を業者に丸投げされてしてオリフィス近傍の配管が開口した。その時の運転員には予告なく（爆発まで２時間くらいの待機時間があったのもある）急に緊急事態が襲ってくる。そのようなことは想定したことがなかった。

7−2　CRM訓練におけるコミュニケーションスキルの位置づけ

ここではコミュニケーションスキル各論について、および航空界ではノンテクニカルスキル訓練とCRM（Crew Resource Management）訓練の中ではどのように位置づけて、どのように訓練を行っているかを詳しく紹介する。そしてノンテクニカルスキル向上訓練が、事故低減に役立っていることを論じる。

現場力を向上させるための訓練として開発されたCRM訓練では、はじめにチーム力を向上させることを明確に宣言している。

CRM訓練は、チーム能力を最大限に発揮するために、利用可能なあらゆるリソースを有効に活用して「最適な意思決定」を行い、それを「迅速に実践する」ためのチーム作りと育成を目指して「必要なスキルを演練する訓練である」（John Lauber, 1979）として、開発が進められてきた[1)]。あらゆる業務はチーム単位で遂行しているという発想のもとで、個人の資質を向上させることは基本ではあるが、同時にチーム力を育成することが最も重要な課題であることが認識されてきた。

複数のメンバーによって構成されるチーム内では、まず情報の共有化が求められ、その手法としてコミュニケーションスキルが、CRM 訓練開発当初から重要視されてきた。次第にCRM 訓練の骨格が固まるにつれて、「チームの意思決定プロセス」の重要性が認識されるようになり、そのためには、「技量」と呼ばれる経験や勘だけでは不十分で、「環境状況の理解」が必要不可欠であることがわかってきた。環境条件の変化傾向を含む「状況認識」の理解が重要視されることとなり、やがて状況認識の概念は、「Situation Awareness」という学説となって航空界に普及することとなる（Mica Endsley, 1995）[2)]。

ここで引用する「状況認識」とは、「環境状況の変化傾向を敏感に感知し、何が起こっているのかを正確に理解し、やがてどうなるかを予測する」ダイナミックな認知プロセスをいう。情報の感知段階と理解段階、そして予測段階へと刻々と変化する状況を含んでいる。最適な意思決定を行うためには欠かせない情報である。「利用可能なあらゆる情報」とはこのような幅広い事実や変化傾向を指している。

このような動的な情報を把握するためには、適切なコミュニケーションが不可欠である。チームとしての活動を展開していくためには、コミュニケーションの維持推進が不可欠なのである。そこで、CRM 訓練では、コミュニケーションスキルがチーム力向上の筆頭の課題として位置づけられている。

7-3　チーム力を高める訓練

ノンテクニカルスキル訓練と同様にCRM訓練でも、コミュニケーションスキルだけを抜き出して訓練しようとはしていない。あくまでもチーム力を向上させるための一つの方法論（手段）として位置づけている。上手く意思疎通するだけが目標ではなく、その先にしっかりと「チーム力を発揮する」という目標を明示している。

常に最善の意思決定を行うために必要な要素、つまり「適切な状況認識」を視野に入れている。状況の変化傾向を敏感に感知して起こっている事実を理解し、さらにそれがどのように変化していくのかを予測することによって、先手を打って事態に適切に対処することが可能になる。

状況認識という漢字表現では、上記のような複雑でダイナミックな変化傾向を伴う状況を認識することがイメージできないが、「Situation Awareness」という意味で用いている。適切な状況認識を維持するためには、人と人とのコミュニケーションをはじめ、人と機械とのコミュニケーション、人とあらゆる環境条件とのコミュニケーションが必要となる。

CRM訓練では、人と人とのコミュニケーションを特に重要視して訓練内容を構成している。一般社会で生活するうえでも、この「人と人とのコミュニケーション」は、欠くことのできない重要な要素になる。

コミュニケーションを僅かに失敗しただけでも、人間関係がぎくしゃくして平和な暮らしが阻害されることもしばしば起こる。逆に、必要なコミュニケーションが不足していただけでも、危険な事態を招き事故に陥ってしまうケースもしばしば見かける。

何がそのような事態を招くのか、最近では事故原因の分析技術が進歩してきて、これまでに気づかなかった要因まで明らかになってきた。

チームメンバー間の「権威勾配」が、時として円滑なコミュニケーションを阻害していることもわかってきた。

最も顕著に表面化したのが、1977年に起きたテネリフェ空港事故であった。今では考えられない状況だった。航空界に古くから伝わる「セニョリティ制度」という、年功序列制度のような慣習で「機長が絶大な権限」を持っていた。それを尊重しなければ、人間関係が保てなかったのである。この事故以外でも、全く同様な「権威勾配」の影響で、「ものが言えない雰囲気」があって、大切な情報が伝わらずに大事故に至った事例が複数件報告されていた。

テネリフェ空港事故や過去の大事故から学んだノンテクニカルスキルの欠如事例は数多く指摘され、新しい訓練手法の開発に活かされてきた。テネリフェ事故から学んだヒューマンファクターズの問題点は第３章３－６安全への主張で述べ

事故調査で明らかになった問題点
＜不適切な判断の共通点＞

①仕事の役割分担と責任が不明確であった
②仕事の優先順位を確立できなかった
③計器やシステムの監視が不十分であった
④小さなことに没頭して重大な変化傾向を見落とした
⑤入手可能なあらゆるリソース（情報や意見など）を十分に活用できなかった
⑥意思疎通（コミュニケーション）が不十分であった
⑦機長がしっかりしたリーダーシップを発揮できなかった（クルーのフォロー不足）
⑧急ぐあまり操作手順を確実に実施しなかった

【図７－１】　過去の事故から学んだこと

た５点以外にその他の事故調査から得られた具体的な問題点を**図７－１**に示す[3]。

1982年２月、日本航空の350便が福岡から羽田への飛行時、片桐機長のエンジン逆噴射で着陸直前の滑走路手前の海に水平状態で墜落した。24名もの方が亡くなられ、149名が負傷した。事故の前日もこの機長は異常な飛行操作をしたが、副操縦士は評価する立場の機長のトラブルを会社に報告できなかった。「キャプテンやめてください」といわれた機長は統合失調症であることが後でわかった。

この事故例の分析結果からも、メンバー個人の経験や能力だけでなく、メンバー間の良好な人間関係を築いて、チーム力を向上させることの重要性がわかってきたのであった。

操縦室クルーのチーム力を高めるためには、CRMスキルを高めることが必要であり、なかでもコミュニケーションスキルが優先的に訓練されなければないことが明らかになった。

7-4　コミュニケーションスキル訓練の実際

CRM訓練の中でコミュニケーションスキルをどのように訓練しているかを実務に照らしてやや詳しく説明する。

CRM訓練開発時の当初では、技術訓練ではないので、熟練パイロットの受講者に対して興味を持ってもらうために、「ロールプレイング」と称して、様々なゲームを取り入れて、その中でコミュニケーションの重要性に気づかせる手法を取ってきた。

しかし、次第にCRM訓練そのものの重要性が浸透してくると、訓練内容そのものを充実させる方向に転換された。

コミュニケーションスキルをさらに三つの項目に細分化してわかりやすく説明した上で、グループディスカッションを行い、受講者の豊富な経験に基づいて失敗談や成功事例を思い出してもらい、それらから得られる教訓や、心掛けていた事柄などを披露してもらうように進化した。

コミュニケーションスキルの講義内容とグループディスカッションの構成や方法論などについて、実際に行っている訓練に準じて詳しく説明する。

7－4－1　コミュニケーションスキルの内容

CRM 訓練では、CRM スキルに入る前に、人は誰でも間違えるという「ヒューマンファクターズの基本概念」を復習して、訓練の意義と目的を改めて認識してもらう（**図7－2**参照）。

人間の能力と限界、人間の基本的特性、行動を起こすときの情報処理プロセス、行動の起こし方と冒しやすいヒューマンエラー、複数の人々の集団が陥りやすい集団心理、人間が

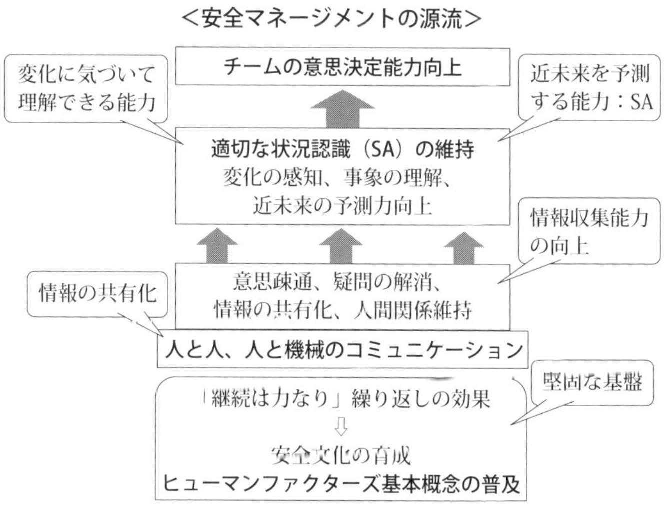

＜安全マネージメントの源流＞

チームの意思決定能力向上

変化に気づいて理解できる能力

近未来を予測する能力：SA

適切な状況認識（SA）の維持
変化の感知、事象の理解、
近未来の予測力向上

情報収集能力の向上

意思疎通、疑問の解消、
情報の共有化、人間関係維持

情報の共有化

人と人、人と機械のコミュニケーション

堅固な基盤

「継続は力なり」繰り返しの効果
⇩
安全文化の育成
ヒューマンファクターズ基本概念の普及

【図7－2】 安全マネージメントの基本

能力を発揮する場面で能力の発揮を阻害する事由、ヒューマンエラーの正体とエラー対策など、ヒューマンファクターズの基本部分のレビューを行うことが、CRM訓練の効率を高めることに繋がる。

その上で、CRM訓練が開発された経緯を、事故事例とその要因並びに背後要因などを示しながら振り返る。はじめは、熟練パイロットが経験と勘に頼って、クルーの意見や情報に耳を貸さずに独断で判断して大事故に至った事例などを示して、その善後策として新しい訓練手法が開発された経緯を再認識してもらう。

CRM訓練は、チーム力を向上させることに重点を置いているため、チームとしての意思決定プロセスの大切さを説明する。最適な意思決定と状況認識並びにコミュニケーションのそれぞれのスキルの間には密接な関連性があって、切り離して考えることができないことを理解してもらう。

ここまで事前準備を整えてから、CRMスキル各論に進むが、最初の講義はコミュニケーションスキルを取り上げ、要点を20分程度にまとめて簡潔に行う。講義だけで理解してもらおうとは考えていない。

簡単な講義の後、引き続きグループディスカッションで、受講者の豊富な経験に基づいて、失敗談や成功事例などを披露してもらうことによって、グループ内で共有してその有用性に気づいてもらう手法を用いる。

コミュニケーションスキルの内容は、導入する職場のニーズによって多少異なるが、次の３項目に細分する。

（1）　意思疎通と確認会話（3Way コミュニケーション）

あらゆる業務がチーム単位で遂行されているので、メンバー間および関係者との意思疎通は最も基本的で重要な要素となる。

チーム力を発揮するためには、意思を伝えるだけでなく、伝わったことを確認することが必須の要件である。今、業務指示を与えたとする。「はい、わかりました」と言って会話を打ち切って作業に取り掛かった場合を想定してみると、正確に伝わったことは誰にも保証できない。

このような場合には、指示内容をその場で復唱する。復唱が正しいことを確認して、初めて会話が完結することがわかる。

例えば、以下の会話例がある。

班長「甲さん、A系統のDポンプを点検してください」

甲「はい、A系統のBポンプを点検します」

班長「いや違う！A系統のDポンプだ！」

甲「わかりました。A系統のDポンプを点検します！」

危うく指示されないポンプを点検するところであった。

このようにして、①業務指示を②復唱し、③復唱の正否を確認した。３回の会話で成り立つことから、この確認会話を

「3 Way コミュニケーション」と名づけている。確認会話では、常に復唱を行うことが効果的である。伝える側でも、必要な項目を正しく明確に話すことが基本となる。

ここでは、「シャノンのコミュニケーションの基本モデル」を用いてやや理論的な説明を加える。「送り手から受け手へメッセージを伝達して、受け手がそれを理解する」ことによってコミュニケーションが成り立つことを理解するのである[4)]。

このようにして、コミュニケーションでは「意思を伝えて確認すること」の重要性を実務面および理論面からも十分に理解してもらうのである。

昔から我が国には「沈黙は金なり」という格言がある。余計なことを軽率に話すよりも、我慢して黙っていた方が、遙かに価値があるという意味であったが、実は安全のためには、沈黙は「金ではなく禁」である。

事例を挙げて、受講者に次のように問いかける。皆さんは、このような経験はないですか？

課長：「大分、作業のペースが遅れているからこれから挽回するぞ！今日中に終わるように気合いを入れて取り組んでくれ！」

課員：「はいッ！わかりました」

（独り言：オヤッ？このバルブ、グランド部から滲みがあるようだがこの程度であれば問題ないだろうし、工程も遅れていて課長は大分急いでいるようだから点検しなくてもイ

イか？)、

この結果、夜間にこのバルブから漏洩が発生した。

(2)　アサーションとは

詳細は第３章３－６安全への主張（アサーション）(１)参照。

(3)　事前の説明（ブリーフィング）と確認

チームが実施する業務の計画などの情報をメンバー全員が共有することによって、事前に協力体制を確立する手法である。

複数のメンバーで構成するチーム内では、業務前のブリー

チームが実施する業務に関する計画などの情報をメンバー全員が共有することによって、協力体制を確立する手法

(1) 業務開始前にブリーフィングの場を設定する
(2) 十分に時間をかける
(3) 手順書にない作業や操作をするときにはブリーフィングで説明しておく
(4) ブリーフィングには全員が積極的に参加する
(5) 最も状況を把握している者が行う
(6) 状況の変化、計画の変更時などにも適宜ブリーフィングを行う

【図７－３】　事前の説明（ブリーフィング）と確認

フィングは必要不可欠である。メンバー全員が情報を共有化するための説明機会を設けて、作業の内容や安全上の留意などを再確認することが推奨されている（図7－3参照）。

近年、危険予知ミーティングとして特に建設分野や製造業では普及している。当日の作業内容の確認と危険情報の再確認を行い、特に留意すべき点を再認識してから作業に取り掛かる。先を急ぎ過ぎずに十分に時間を掛けるべきである。手順書に明記されていない作業や、初めての作業を行う場合には入念にブリーフィングで説明しておくと良い。

ブリーフィングには、関係者全員が参画することが原則で、最も情報を把握している者が説明を行うのが効果的である。また、状況が変化して計画を変更する場合などは、その都度ブリーフィングを行って全員に周知徹底することが望ましい。

ブリーフィングは大きく分類して三度の機会を挙げることができる。第一は計画を立案して実行する前、第二は計画を変更して新しい計画を実行するとき、第三は業務終了後の振り返りである。

因みに、航空機の運航では、業務開始前だけではなく、飛行作業が始まって地上滑走を始める前、離陸開始前、巡航中飛行ルートや高度を変更する場合、巡航後、目的地に近づいて着陸のための進入降下を開始する前、着陸を行う前など、飛行の節々でブリーフィングを行い、クルー間で情報を共有している。

近年では、医療分野でも手術室などでは手術を始める前に、手術関係者を全員集めてブリーフィングを行う手法「タイムアウト」が普及している。これは、CRM訓練からヒントを得ている。

作業前の良好なブリーフィングの事例を示す（**図7－4**参照）。必要な項目を盛り込んでわかりやすく説明する。ブリーフィングの途中で、受け手が了解したかを「何か質問はありませんか？」と質問して確認する。全員をブリーフィングに注目させる効果もある。

チームメンバーは気軽に疑問に思ったことを確かめること

班　長：「今日の仕事は、高いところの点検が多いので、足場と安全帯には特に注意して、取り掛かろう。はじめに、高い部分を二人以上のペアーで一斉に点検し次第低い部分に進めます。この際、お互いに合図をわかりやすく交わすことに注意しましょう。何か質問はありますか？」
作業員：「もし、高い部分で著しくペンキがはげている部分があった場合には、その場で塗ってよろしいですか？それとも目印だけを付けておいて、ペンキ作業は後に行いますか？」
班　長：「良い質問です。とりあえず点検を終えてから印をつけたところをあとでまとめて塗り直しましょう。時間に追われることのないように余裕をもって作業を進めてください！」

【図7－4】 良好なブリーフィングの事例

ができる。チームメンバー全員が共通の情報を持って業務に臨むことをCRM訓練では目指している。

（4）　コミュニケーションエラーの要因

コミュニケーションスキルに関する内容は、前記のようにまとめられているが、加えて陥りやすいコミュニケーションエラーに関して説明が加えられる。

発信者の問題、受信者の問題、双方の考え方の問題、環境の問題、双方の健康状態などの生理的問題などによってしば

1. 発信者の問題
   - ◆曖昧な表現　◆不適切な用語　◆伝達時期の選択
   - ◆情報の過多過小　◆不遜な態度　◆声の大きさ
   - ◆事実と推測の混同　◆権威勾配の影響
2. 受信者の問題
   - ◆異なった期待感を持つこと　◆誤解
   - ◆態度－無視すること　◆無知－知識がないこと
   - ◆曖昧な表情を見せること
3. 考え方の問題
   - ◆合理主義と情緒主義の違い　◆立場の違い
   - ◆価値観の違い　◆トップダウン方式とボトムアップ方式の違い
4. 環境の問題
   - ◆注意をそらす出来事　◆切迫した時間
   - ◆温度、湿度、騒音、照明
5. 生理的問題
   - ◆体調－疲労、空腹、深夜、早朝、時差など
   - ◆服薬の副作用

【図7－5】　コミュニケーションを阻害する要素

しばコミュニケーションエラーが誘発されることになる（図7－5参照）。コミュニケーションを円滑に行うためには、このような視点からも注意を払う必要がある。

（5）　良好なコミュニケーションの要素

一方では、前向きに良好なコミュニケーションを行うための要素についても検討を行う（図7－6参照）。第3章3－7コミュニケーションの5要素で述べた積極的傾聴、自己開示や感情コントロールなどは良好なコミュニケーションのベースとなる。

①簡潔なメッセージを送る。わかりやすく必要な項目を網羅していることが要件である。

②その場でメッセージが正確に伝わったことを確認する習慣が必要である。

③適切な雰囲気（権威勾配）の配慮である。上に立つ者、

---

1. 簡潔なメッセージ
   受け手の立場を考えて、必要最小限の簡潔なメッセージを伝える
2. 確認する習慣
   わからないところを放置せずに確認する
3. 適切な雰囲気の醸成
   適度な権威勾配、（操縦室内のTAG*）
   「ありがとう」の一言、良質な情報を提供したくなる

注：* Trans-cockpit Authority Gradient

【図7－6】　良好なコミュニケーションの要素

下の立場からの発話者双方が権威勾配を克服しなければならない。

ここで、場面の適切な雰囲気を醸成するために効果的なキーワード（一言）がある。「ありがとう」である。この感謝の一言で、権威勾配も緩和され、ますます良質な情報を提供したくなる。良好なコミュニケーションの要素を心得ていることによって、より良いコミュニケーションが期待できるが、常に見えやすいところに「コミュニケーションのための行動指針」として掲示しておく必要がある（**図７－７**参照）。

まず、結論を先に伝えることが大切である。回りくどい説明ばかりで何を言っているのかわからないことがしばしば起こる。結論を伝えてから説明を付け加えよう。

３分間近く状況を説明されてから、「こういうことなので、…あれこれしかじか…、今から停止作業に入ろう」と言わずに、「今から停止作業に入ります。…なので」と簡潔に指示

1. 結論を先に伝える
2. 権威勾配を意識しすぎない
3. 命令（指示）か？ 質問か？ 報告か？を明確に
4. 今、最も伝えたいことは何か？ を明確に！
5. 会話を完結させる（反応を確認する）
6. 相手の意思表示を理解する
7. 相手の問いかけに返答する
8. 緊急度を相互に理解できる

【図７－７】 コミュニケーションのための行動指針

する必要がある。「あれどうなりましたか？」の質問には「解決しました。他の部署の予備品を借りました」が「他部署の予備品を調べたら、融通してくれる交渉をして、…あれこれしかじか…、交換しました」より良い。

次に、これまで繰り返し議論してきた「権威勾配」を克服することである。権威勾配は、急過ぎると安全上の重要な進言ができなくなる。逆にフラット過ぎると、業務上の秩序が維持できなくなる恐れもあるため、適正な勾配を維持して「ものが言いやすい雰囲気」を醸成することが必要なのである。

指示なのか、質問なのか、報告なのか、わからないことがよく起こるが、はっきりと「これは業務指示である」などと伝えたい。相手に「今最も伝えたいことは何か？」を明確に話すことが大切である。

また、会話を完結させることも大切である。言い放しで相手の反応を確認しないのでは、雑談になってしまう。会話をしたからには相手の意思を理解することが大切である。相手は何を望み、何を主張したいのか、それにどう対応するのかを考える必要がある。そして、相手の問い掛けには必ず応えるようにしよう。「問い掛けと応答」は、CRM訓練の中では常に強調している。また、会話の中から緊急度を相互に共有できなければならない。緊急度に応じた対応策のための意思決定が必要なのである。

以上のような「行動指針」を身近に常に備えておくことは、

良好なコミュニケーションを行うために非常に効果的である。

コミュニケーションスキルのセッションでは、このような内容について20分程度で簡潔に講義を行う。

ここまで説明した後で、「グループディスカッション」に進めるわけである。

グループディスカッションは、4～6名のグループに分かれて、司会、書記、発表者の3役を決めて、以後、輪番で運営していく。

「アイスブレイク」といって、発言しやすい雰囲気を作り、グループ名と3役を決めるといった定番作業がある。

グループディスカッションの結果は、書記担当が大型附箋紙にサインペンで記入し、模造紙に貼り出して、発表担当によって全体会議で披露し全員で共有するという流れである。司会担当は、メンバーの発言を引き出すと共に、時間管理なども兼務する。また、3役にも積極的に発言してもらう。

講義を行ったCRMスキルに関して、受講者の豊富な経験に基づいて失敗例や成功事例、また経験から得られる教訓や日ごろ心掛けていることなどを披露や発言してもらう。

この運営手法によって、受講者はCRMスキルの有用性に気がつき、それを実務に応用する体制を整えることができる。

7－4－2　コミュニケーションスキル演習

CRMスキル各論の次は、CRM演習である。有用性に気づいたCRMスキルを用いて、シナリオを朗読して、シナリオに登場する人物の判断や行動についてCRMスキルの視点からディスカッションを行う。シナリオは、ペーパータイプからイラスト動画やビデオ動画など様々な手法がある。

グループディスカッションで、登場人物の発話や行動について、例えばコミュニケーションスキルは発揮できていたかを討論する。

この段階で、CRMスキルを理解でき、いつでも応用が可能になる。しかし、これで終わりではなく、受講者にとってはここが出発点になるのである。

7－4－3　実務への応用

CRM訓練は、理解できただけでは不十分である。理解できてその有用性に気づいたならば、それを実務に応用して初めて効果を生むのである。

自発的にそれを実践しなくてはならない。そこで、「実務への応用」というセッションを設けて、グループディスカッションで方法論を話し合ってもらう。

日常業務のどのようなタイミングでどのようなCRMスキルを発揮することができるか、自分の頭で考え、自分の言葉で発話し、自分の心で気づいてもらう。グループメンバーの

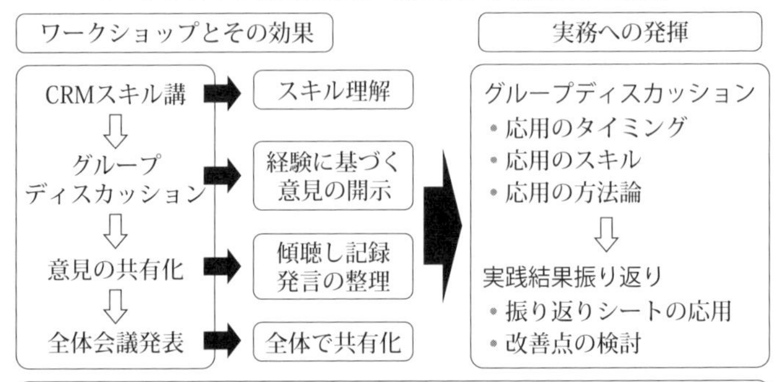

【図７－８】 CRM訓練の目指すところ

意見で参考になるものは積極的に取り入れることも良い（図７－８参照）。

実務に応用した後、振り返るための振り返りシートなども用意して持ち帰ってもらい、自発的にスキルを発揮しようとする動機づけとしたい。

このようにして、受講者はCRM訓練を受講してCRMスキルを理解すると共にそれを応用する力と意欲を身に着けて職場で実践してほしい。

コミュニケーションスキルの訓練状況をやや詳しく紹介したが、他のCRMスキルに関しても同様に、各論、演習のワークショップを経て最後に「実務への応用」へと進める。

7－5　コミュニケーション訓練の実際

7－5－1　クロスロード演習

クロスロード演習とはYesとNoのカードを用いた演習形式による教育教材である。どうしようかと悩むジレンマを二者択一の問題に入れ込み、自分で考えまたはグループ討議を通じてお互いの理解を深めるねらいがある。

インストラクターは、災害対応・トラブル対応を自らの問題として考え、また様々な意見や価値観を参加者同士共有することにも意義があることを演習のやり方を説明時に述べておく。

AGC旭硝子では、クロスロード演習は化学プラントの運転員用に短い時間で主題を多く意見交換できるように変形させてある。

１グループ５、６人程度で構成し、最初にグループリーダーをグループ員同士が話し合って決める。リーダー（ファシリテーター）は演習を進行させたり、グループをまとめたりする役目である。そして、演習を開始し問題が示されたら、全員が過去の自分ならその状況でどうするかを考え、（どうすべきかの観点では答えない）リーダーの合図で自分の考えをYesかNoの札で表明する。その次に、リーダーが多数派と少数派がなぜその答えにしたのか、その理由や意見を活発に述べてもらうようにする。意見交換の時間は１設問につき、３、４分くらいを想定し進める。インストラクターは全体進行が任務であるので、極端に意見交換が弱いグループは会場の教育スタッフに指導を任せるのも良い。

災害対応・トラブル対応においては、必ずしも正解があるとは限らず、また、過去の事例対応が常に正解であるとも限らない。演習を通じ、「それぞれの場面で、誰もが誠実に考え対応すること、また、そのためには災害が起こる前から考えておくことが重要である」ということに気づくことが大事である。

意見交換後は少数派の意見も意図的に発表してもらう。問題によっては、インストラクターからこうしてほしいという「答え」もあるので、意見交換後はインストラクターが模範回答を示し、その理由を説明後もデブリーフィング的に意見交換を実施して理解を進めていく。特に答えが決まっている問題については、トラブル発生の前段階での思い込みが問いの中に明示されており、災害につながっていくことを自らの問題として考える演習である。

７−５−２　動物当て演習

「動物当てゲーム」とは、どのようにすればより良い緊急時の集団的意思決定ができるかについて、参加者に議論してもらうことを目的として開発した仮想演習で、2017年２月から化学工学会安全部会から販売予定である。ノンテクニカルスキルの第一カテゴリー「状況認知」、第二カテゴリー「コミュニケーション」、第三カテゴリー「意思決定」および第五カテゴリー「チームワーク」が学習対象となり、ノンテクニカルスキルの大部分の要素を総合的に関係させた演習となる。

目的は以下の通りである。

①認知した情報が分散している中での集団的意思決定の基礎となるコミュニケーションとチームワークについて、それぞれの職場の問題を上位概念化して開発された演習で新しい体験をする。

②様々なストレスの下にある緊急時には「暗黙裡の協力(implicit coordination)」が必要であるが、この演習の体験、そのプロセスの客観的な観察、およびその後の議論を通じて、「暗黙裡の協力」に不可欠な「事態についての共通認識（shared mental model)」の重要性を再認識する。

③演習の記録を見て、自分自身および自分のグループ（自部署）の特徴を認識する。

④これらの新しい知見を日常の業務に生かして、緊急時の集団的意思決定についての学習を深める。

7−5−3　「宝をGETせよ」演習

「宝をGETせよ」演習は各職場の労災やプロセス事故の原

因に言い出せなかったことが多く、学習のねらいを「言い出す勇気」とした。個々の職場ごとに発生場所、発生時の関係者の関わり方はすべて個別であるが、それらの個別背景や要因を上位概念化して制作されたこの演習はどの職場の人にも簡単に参加できる共通のベースの上に作られている。第3章３－６コミュニケーションで航空業界の安全への主張（アサーション）訓練を紹介した。この演習では、言い出すとはアサーションの４要素の中でも「疑問に思ったことは躊躇せずに言葉に出す」意識と「危険であると感じたときは自己主張の程度を強める」が体感できる。教育時は意図していなかったチームワークの要素の一つである「他者への働きかけ」も同時に体感できた。

この「宝をGETせよ」演習は航空業界ではまだ使用されていないが、安全への主張（アサーション）訓練用に、産業

【図７－９】 演習中の写真

界で使用されている。責任の分散を表現するリンゲンルマン効果などをこの演習の前の科目で話されており、演習後は「言い出す勇気」がなかったことが原因の労働災害を20分間事例研究している（**図７－９**参照）。

二重の城壁に囲まれた城内の宝に早くアクセスしてその宝を取り、その数を制限時間内で９グループが競う演習である。１グループ６人構成で、それぞれがジョイスティックを操作している。城壁には移動する門があり、そこから内側の宝に向かう。

２時間のノンテクニカルスキル教育は３科目構成で、その第二科目でこの演習を実施した。最初の第１ヒートでわかる人もいるが、第２ヒートでは動きのよくない人を助けないとうまくいかないので、成績が上がってこないことが理解できる。

映画監督の黒澤明は「七人の侍」（東宝制作・配給）で、岡本勝四郎という実戦の経験ない若者を七人の侍の中に入れた。野武士から村を守るために結成された「七人の侍」の中では明らかにその弱点となっていたが、あとの６人は彼を助けた。一般的な原理として「組織にまだ入社間もない新入社員がいるとか、助けてあげないといけない人がいるとみんなで彼を守る、生き延びさせる、成長させる」という目的を設定して、組織のパフォーマンスを劇的に向上するという共傷性co-vulnerabilityの原理を人々は知っており、このように映画でも描かれた。この演習では動きの悪い人を助けるという動きも必要であった。

7-6　まとめ

この章では「ノンテクニカルスキル力を高める演習」に焦点を当てた。

「コミュニケーションスキルをCRM訓練では具体的にどのように訓練しているか」を実務に基づいて紹介した。この訓練の目的は、チームとしての最適な意思決定を実現するための手法であり、「円滑な意思疎通」だけを目指しているのではない。最適な意思決定にしても、それだけではチーム力を発揮することができない。意思決定結果を確実に実践して初めて現場力となって現れる。実践結果を振り返り、必要に応じて改善できればさらに良い、ということになるわけである。

AGC旭硝子が開発したノンテクニカルスキル訓練は、35年間掛けて航空業界で開発され、育成されてきたCRM訓練と非常に共通性が偶然にあった。業界は違っても同じ目的を持ち、ノンテクニカルスキル教育を開始しようと考えれば同じ道を歩んだ。

参考文献：

1） John K.lauber, G.E.Coorper, "Resource Management on the Flight Deck", NASA CP2120 (1979)
2） Mica Endsley "Toward a Theory of Situation Awareness in Dynamic Systems", Human Factors 37 (1995)
3） 石橋明,「航空分野における安全マネジメント手法の他産業分野への応用に関する研究」, 東北大学大学院工学研究科技術社会システム専攻博士学位論文, pp.50-60 (2010)
4） Shanon, C.E and Weaber W. "Mathe- matical Theory of Communica tion." The University of Illinois Press. (1964)
5） 石橋明ほか,「原子力発電分野における安全意識向上のための Crew Resource Management 概念に基づく訓練手法」, 日本原子力学会和文論文誌, Vol.9, No.4 pp.384-395. (2010)
6） 南川忠男,「化学経済」4月号, 化学工業日報社 (2015)

第8章 ノンテクニカルスキル教育の実践

8-1　ノンテクニカルスキル教育の三科目構成の実際とその理由

AGC旭硝子千葉工場でのノンテクニカルスキル教育（千葉工場では保安防災教育と呼ぶ）の開催は毎年4～6月に合計24回、AGC旭硝子運転員・スタッフ全員および協力会社全員を現在の受講対象としている。この教育を開始した2005年はAGC旭硝子運転員（700名）のみが対象だった。2009年開催の権威勾配の克服を学習する演習が入る教育からAGC旭硝子では運転員に加え、スタッフ、協力会社についても教育対象に入れ、職長代理以上を受講対象とした。

2015年開催からは協力会社全員が受講対象となり、2016年は1,250名が受講した。役職者は希望者が受講（2015年より）としているが、だいたい参加している。第9章で述べる行動特性評価後のメンター（課長が指名する課長補佐あるいはスタッフ）によるフォローアップには、課長の人材育成への関与が必要となってきたし、行動特性の改善では、メンターの上司である課長の関与が重要になってきた。

プログラムを組む上で考慮したことは人間が集中できる100分間を教育時間とした。2012年以降は行動特性評価をノンテクニカルスキル教育に入れたので、120分間の年もあった。プログラムは3科目で構成しており、第一科目（30分）はその回の教育テーマを取り上げた理由や背景・目的を説明し、関連する社会心理学・組織心理学などの学術的成果も含め、やさしく解説。次に、第二科目ではテーマに関係する演習（50分）を実施した。そして第三科目（20分）ではその回のテーマに関係する災害事例を詳しく説明した。その修得すべきノンテクニカルスキルの要素と演習に関連した千葉工場内の過去の災害やプロセス事故を5、6件題名だけ紹介し、そのノンテクニカルスキルの要素が不足したことが起因であったことを簡単に述べ、その事例の中から1件を選び、そのノンテクニカルスキルの要素に焦点を当て詳しく事例研究

【表8－1】 ノンテクニカルスキル教育の科目構成

100分間の代表的プログラム	
（1）30分	ノンテクニカルスキルの要素の説明
（2）50分	関連する仮想演習
（3）20分	テーマとしたノンテクニカルスキル要素が強く関係した事例研究

した。

休憩は演習の中間地点でデフリーフィングの時間を兼ねて設置した。休憩せずに演習で良い成績を達成しようと作戦を立てているグループもあった。社会心理学・組織心理学の成果の内容としては、2010年開催の教育プログラムでは援助行動の傍観者効果（リンゲルマン効果）や多数の無知（Allport, F.H., 1933）を取り上げた。リンゲルマン効果は複数の人間が共同作業していると、各自に責任が分散され、各自が感じる責任が一人だけで責任を負うときよりも軽くなることを指し、多数の無知は集団や社会の成員が互いに、自分の行為は自分の感情や意見と一致していないと思うにもかかわらず、他の人の行為は当人の感情や意見を反映したものだと推測することを指す。**図8－1**は2010年に「言い出す勇気をもとう」

【図8－1】 AGC旭硝子千葉工場での演習中の様子

をテーマにしたノンテクニカルスキル教育で第二科目にパソコンとジョイスティックを使った仮想演習の様子である。受講者は７人一組で９組、合計63名が参加している。

8－2　演習を取り入れている理由と効果

事故事例の水平展開において重要なことはその事故から運転員やスタッフが自ら学ぶ力を育てることである。第９章９－４行動特性評価の成功モデルで詳しく述べるが、他社の大きな事故・自社の事故の話を聞いて自分の中に「自分が同じようなことを再発しないようにするにはどうすれば良いか」「自部署で再発させないようにするにはどうすれば良いか」を当事者が後で後悔したような気分で謙虚に考えることである。他人事のようにとらえたり、そのようなことは起こらないと思い込む傾向が強いとせっかくの教訓が役に立たない。

「確かに学ぶ力」に求められる要素は、
①知識・技能
②知識・技能の活用力
③主体性・多様性・協調性である。

文部科学省は、指導要綱の基本に「確かな学力」の要素として上記３要素を取り上げている。初等教育、中等教育、高等教育を受けて卒業して会社に入っても学ぶ要素は同じである。AGC旭硝子で実施しているクロスロード演習は6人一組の意見交換をする演習で、6人は自部署のみで構成せず、他部署の人とで編成している。そうすることによって他者・他部署の考えがわかり、自分・自部署の考えと比較できる。振り返りシートにこのように書いてあった。「部署が違うと考えが違うこともあるので、参考になる。」「同じ部署なのに年齢がちがうと考えのベースが違った。」

8－3　各種演習の実際

AGC旭硝子千葉工場で実際に実施された演習を紹介する。

12年間で実施したその他多くのコンピュータを使用した演習は紙面の関係で記述できないことをご了承願いたい。それぞれの演習とそのねらいを**表8－2**に示す。

2015年実施のおはじき演習および2016年実施のわいがや

【表8－2】　演習とノンテクニカルスキル教育のねらい

実施年	演　習　名	修得したノンテクニカルスキル
2007	数式当てゲーム	声かけの大切さ
2008	遭難演習	緊急時の相談
	魚獲り演習	情報の開放性
2009	アルプスの救助隊演習	権威勾配
2010	宝をGETせよ演習	言い出す勇気
2011	クロスロード演習	状況認知と判断と相談
2012	クロスロード演習	状況認知と判断と相談

演習（逐次合流演習のこと）は第11章で詳説する。

8-3-1　クロスロード演習

事故事例の水平展開のため、通常の職場内で実施されている日常の水平展開活動と並行して、年に1回実施しているノンテクニカルスキル教育では、ノンテクニカルスキルの要素にフォーカスした題材を作成して、その事故から運転員やスタッフが自ら学ぶ力を育てることを目的としている。AGC旭硝子ではクロスロード演習を分かれ道演習と呼んでいる。判断の分かれ目でどうしようかと悩むジレンマを二者択一の問題に入れ込み、自分で考え、グループ討議を通じてお互いの理解を深めるねらいがある。クロスロード演習は、YesとNoのカードを用いた演習形式による教育教材である。

災害対応・トラブル対応においては、必ずしも正解があるとは限らず、また、過去の事例対応が常に正解であるとも限らない。演習を通じ、「それぞれの場面で、誰もが誠実に考え対応すること、また、そのためには災害が起こる前から考えておくことが重要である」ということに気づくことが大事である。また、そのように意識が変わるようにもっていく。設問作成においては実話をアレンジしてYesかNoか迷いが生じるように、実話と少し違う架空の想定条件を盛り込むとYesかNoの人数が拮抗して意見交換が活発になりやすい。

設問に細かい想定説明を望む人がいるが、細かくなると条

【図8－2】 クロスロード演習中の様子

件の束縛が意見交換の幅を狭める可能性がある。意見交換において「自分ならこういう条件ならYes」など細かい想定は自分で考えてもらうことにしている。細かい想定を望む人の中には考えの柔軟性が少し不足していると思われる人もいた。**図8－2**は2011年、AGC旭硝子千葉工場でのクロスロード演習中の様子で、リーダーが少数派と多数派の意見を聞いている場面である。受講者は6人一組で9組、合計54名で、同じ部署同士で組のメンバーを構成しているが、一部混成組となる。50分の演習では5問設問を用意してあり、第二設問を実施中で制御室の古い記録紙の移動についてである（クロスロード演習のやり方、演習の作成方法、演習の結果は、第11章参照）。

８－３－２　数式当てゲーム

数式当て演習の目当ては、きわめて高いプレッシャーの下で集団的意思決定を行わなければならないときには、しばしばコミュニケーション上の不備から事故が発生する。数式当て演習では、そのコミュニケーションの前段階の状況認識およびコミュニケーションの後段階の意思決定についても学習対象となっている。

この演習ではチーム成績を向上させるためには演習を要所要所で振り返り、制限時間の15分以内に３個の数字を当てられない、３個の数字の関連数式を考えつかないという落とし穴に陥らないように、集団ですばやくルールを作って演習を進行させることである。

この演習は５人一組で実施し、３名は前方のスクリーンに浮かんでくる数字の一部を発声のみで、スクリーンに背中を向けて書き留める役目の残りの２名に伝える。２名は発声者が見ている机の上でシートに書き留めながら、約５分で３個の数字がスクリーン上で一巡するので、（制限時間の15分で３巡する）書き留めた数字の一部の集合体から隠れている数字をチームメンバー全員で当てるための会話をしながら推察していく。発声する側はずっとスクリーンを見ているので、その残像の集合からも数字を類推しやすい。

この演習の狙いは５人のプレーヤーに自らのチームの状況を客観視させることで自らの持つイメージとの差異に気づか

せ、その改善をするための学習のきっかけを与えるものである。仮想状態とはいえ、当日に教育会場で初めて演習のやり方の説明を受けて演習をするので、プラントで急に緊急事態が発生したことに似ることになる。プラントの異常時、プラントは私達に丁寧に状況を説明はしてくれず、１回きりのプラントからの情報発信もあるので、この数式当てゲームの実施直後にやり方がよくわからなかった人はすぐに同じグループの人に尋ねる必要がある。わからないまま実施するとグループの足を引っ張るので、尋ねられなくてもよく理解できていない様子の人には、残りの４名も遠からず演習中に指導することになる。第３章で記述した安全への主張（アサーション）もその場面が来たら実行する必要がある。実行してみてアサーションの意味がわかる。

実際のプラント運転において緊急事態になったときや重大なトラブルが発生したときに、その現象から現れてくる重要な兆候を入手し、コミュニケーションで仲間と共有化し、意思決定情報にインプットし、正しい意思決定をして行動に移すことが求められる。実際に起こっていても見えなくなったり、過去の無トラブル経験からそんなことは発生していないだろうという思い込みが判断の目をくらませ、間違った判断をした事故もある。

この演習では誰か一人でもおぼろげながら数字がわかったら、周りのメンバーにそれを伝えることが早くゴールに達するのに貢献する。例えば「真ん中はたぶん４だと思う。」とか「左は５じゃないかな？」と発声されれば、それを聞いた書き手は「これを見てもらえれば２、４だろう」と続き、「左（の数字）だけだ、集中して見よう」とゴール寸前に達する。もう誰かは数式を２ｎと考えている。緊急時に早く行動を起こさなくては事態が悪化する方向に行く場合、データが出揃う前に予想をつけて決断しなくてはいけないことがある。第４章意思決定で述べた緊急時の意思決定の難しさも体感できる演習である。

定常作業時には時間的余裕があるので、意思決定に時間をかけても良いが、緊急時はそうではない。拙速な判断はいけないが、悪化を食い止め、事態を鎮静化する判断には集団で最良な選択肢でなくてもよりベターな選択肢を柔軟に考える必要がある。この演習は時間制限というタイムプレッシャーの存在下で、ノンテクニカルスキルの状況認識のカテゴリーの対象としては隠れた数字の一部が次から次へとスクリーンに表示され、コミュニケーションのカテゴリーとしては５人のチームメンバーがゴールを目指した会話をするというものである。メンバーのゴールに向かうベクトルが少し違う場合、誰かのリーダーシップも求められる。この演習をやりながら柔軟な情報入手や声掛け・相談などのコミュニケーションの重要性が学べる（メンバーのベクトルが違うときにリーダーシップがとられないと、この演習の成績が悪くなる）。

この演習を実施した後、教育全般の振り返りシートを受講者全員に作成してもらった。その中で数式当てゲームの受講生の振り返りの抜粋を下記に示す。

①数字の一部の伝達がこれほどまでにできないとは想像できなかった。実際の緊急時の対応が不安になった。

②緊急時に自分ひとりの判断で相手を動かす難しさを感じた。実際はきちんとできるか心配。

③体験型研修ツールを使用した研修は今後も実施してほしい。

④緊急時に自分がどのように行動したら良いか、もう一度考えたい。

【図８－３】 2007年の演習中風景

これらの振り返りからノンテクニカルスキルの中の意思決定において選択肢の検討・比較、選択肢からの採用が体験できたと思う。また、リーダーシップを発揮する面では統率も体験できた。

AGC旭硝子で初めて数式当てゲーム演習を実施したときの様子を示す（**図８－３**参照）。右下のインストラクター（筆者が撮影）のパソコンの画面のマトリックスがスクリーン上に映し出されており、一番手前のグループであれば、こちら側を向いている３名がスクリーンの数字の一部を３名と向かい合っている２名（スクリーンには背中を向けている）に伝達している。同じ部署のメンバーで５人一組のグループを構成し、12グループ60名が演習した。

入社３年目の運転員のノンテクニカルスキル教育（AGC

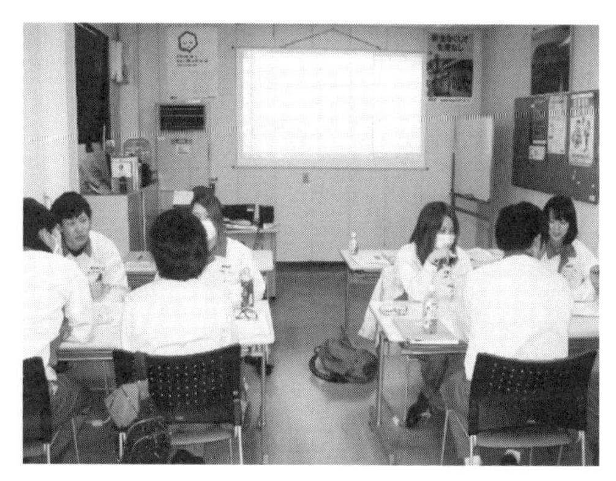

【図8－4】 2014年の演習中風景

旭硝子千葉工場では入社３年教育と呼ぶ）において数式当てゲームを実施している様子を示す（図8－4参照）。教室の後方からスクリーン側を見たもので、受講者は８名のため（４名一組）、読み手は通常の３名から１名減らして２名とした。男女の比率が偏らないようにグループ編成することが成果に差がつきにくくする。概して男性の方が女性に比べると空間情報認知能力が高い。

入社40日後の集合教育で、緊急時の行動指針の科目の中で集団でのスムーズな意思決定の重要性を学ぶときに実施された数式当てゲームで、６グループの数字を当てた所要時間を示す（図8－5参照）。四角囲みの上段が第一ヒート、下段は第二ヒートの結果で６グループ中、５グループは成績が向上している。これは数字の言い方、読み手の役割分担およ

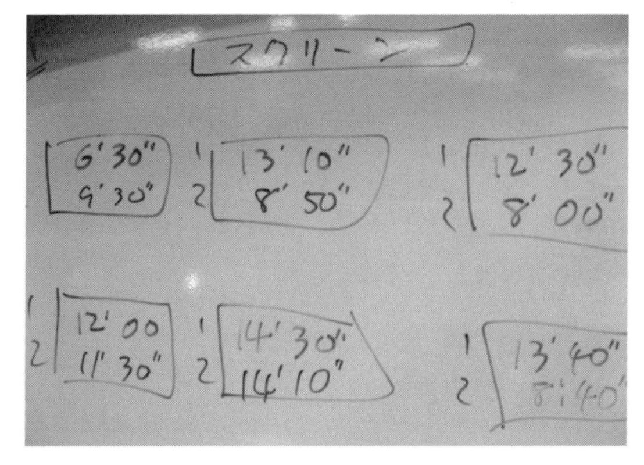

【図8－5】 2015年新入社員の成績

びペンが先などのルールを決めていって成績が向上していた。ただし、14分台のチームは両ヒートともに制限時間ぎりぎりであり、ルール決めやコミュニケーションにもどかしさがあった。誰かがするだろうという責任の分散も起こっていた。数字を当てるのに行き詰ったときに演習の中断を申し出て、作戦タイムをとることができるが、巡回しているインストラクターが誘導した方がいい場合がある。

8－3－3　「宝をGETせよ」演習

「言い出せなかった」は社会心理学では援助行動の傍観者効果あるいは責任の分散の一種の言動で、約100年前に綱引きを被験者にやらせて証明したリンゲンルマンの名を取ってリンゲンルマン効果と命名されている。大勢で作業をすると、一人が出す力が減ることを実験で証明したもので、綱引きの場合、綱を二人で引くと一人のときの約93%、三人では約85%、八人ではわずか49%しか力を出さなかったことが示された。

「宝をGETせよ」は各職場の労災やプロセス事故の原因の３、４番目に「言い出せなかった」、「一言伝えれば良かった」、「仲間が手順書から逸脱したことを提案したが、その方法でも行けると思い、誰も制止しなかった。」などが時々挙げられてくる。第３章コミュニケーションで航空業界の安全への主張（アサーション）訓練について述べた。この「宝をGETせよ」演習は航空業界ではまだ使用されていないが、権威勾配を克服するなど安全への主張（アサーション）訓練用に、産業界で使用されている。某ソフト開発メーカーの演習リストの中に傍観者効果が体験できる仮想演習を見つけ、AGC旭硝子は採用した。

ノンテクニカルスキルのカテゴリーであるコミュニケーションの一要素「言い出す勇気」が起因の事故は個々の職場ごとに発生場所、発生時の関係者の関わり方はすべて個別である。それらの個別背景や要因を上位概念化して制作された演習はどの職場の人も簡単に参加できる共通ベースの上に作られており、演習が終わった後のデブリーフィングでは「例えばうちの職場では…」と個別展開できる。インストラクターはそれをよく理解した上で個別職場に腹落ちするようにうまく指導する能力が必要である。

グループ演習なのでそれぞれのグループの構成メンバーの資質によって腹落ちする度合は違うだろうが、教育会場を巡回中にデブリーフィングで良い気づきを話しているグループにそのことを発表してもらうと良い。そうでないグループは発表グループと比較して自分達の気づきの度合が低かったことに気づく。たぶんそうなりたいと思っている。そのためにはインストラクターは演習中やデブリーフィング中にマイクを持ちながら机間巡視し、気づきの深い受講者の発言を収集する。その人に「良いことを言っているので全体の意見交換が終わったら話してくれませんか？」と言ってマイクを置いていく。

演習中では、適切でない動きの人がいた場合の他のメンバーによる指導・注意の有無や、より良い成果を達成する方向への声かけの有無がチーム全体の業績を左右してくることが仮想車両６台を６人がそれぞれ運転することで経験できる。社会心理学でいう傍観者効果を体得できる。

演習の構成は６人一組でのグループ演習。演習内容は仲間からの情報をもとに二重の城壁に囲まれた城内の宝を早く取り、その数を９チームで競う。AGC旭硝子千葉工場の場合、受講対象者が約1,000人のため、１回当たりの受講者数を会場規模から54人としている。

「宝をGETせよ」演習の受講者の振り返りシートの代表的

感想を抜粋する。

①非定常作業では、人から指示を受けたり注意事項を話されるだけでなく、自分が不安に思ったり感じたりしたことがあれば言い出さなくてはと思う。

②コミュニケーションの大切さ、言い出す勇気の大事さが理解できた。

③私は新人であるので、上司には言いづらい。上司が気にかけてくれるのが必要。

④自分から声を出す大切さがわかった。

これらの振り返りから、ノンテクニカルスキルの中でも、他のカテゴリーの基礎になるコミュニケーションの「情報の明確な発信と受け取り」、「情報の開放性と共有化」、「言い出す勇気」が体験できたと考える。

特に①の感想は今まで作業に対して受動的だった方が能動的に対面する態度に変わったと言える。また、チームワークの要素の一つである「他者への働きかけ」も同時に体感できた。2005年から始まったノンテクニカルスキル教育に大々的に仮想演習を取り入れたのは2007年からで、「宝をGETせよ」演習を実施した2010年までの４年間はグループ演習の構成メンバーは同一の部署の運転員であった。言い出す勇気や声掛けの演習では一度も話したことがない人と組むと話しかけにくかったなど、それが原因で演習成績が悪くなることが予想されていたので、同一の部署の運転員やスタッフでグループ作りをした。

この演習の成績が一番悪かった部署は、教育会場の外のチームワークとしての部署業務成績が当時一番悪かった。また、演習には参加していないそこの部署長は権威勾配が強かった。成績が一番良かった部署は、机間巡視中にも順調に早いペースで宝を取っていてどんどん演習が進んでいるのがわかった。演習中の発話量は少なかったが、暗示的に役割分担ができており、いわゆる「あうんの呼吸」が高成績を導いたと、演習のチームリーダーはマイクを通じて言った。最高と最低の差は4倍にも開いた。その記録は2014年12月まで世界記録を維持していた。

スタート画面での各車の配置、宝の位置、ブリンキングマークの位置および門の初期位置を見て、各車はどう動くか、他の車からの離れ具合からすばやく判断して動き始めることが大切である。この場合も最も成績に影響する「門止め役」は自ら「私が右上で止めておくから」とか「緑が近いから止めに行ってくれ」と発声して演習をするのが残りのプレーヤーに無駄な動きをさせない。宝を取る役の車は最短時間でその門に向い、余裕がある車の乗務員は二重の城壁のまだ動いている内側の門をどの位置で静止させるのが最善か考えて、一番近い乗務員に指示する。

移動する門を誰が開け続ける役をするのが良いかは総合的に見て最適車両があるが、それを間違えると、待ち時間が経過しロスタイムが増えていく。最初の10秒がその後の成績に影響している。宝を取る役の車は残りの５車の速度より遅いが、ブリンキングマークへのタッチで点数を稼いでいると合体操作で速度が1.5倍に増加するので、毎画面でこの操作をメンバーが相談しあって、どの角を曲がったところで合体するかなどの良い判断が求められる。演習の成績が一番良かった部署は上記をほぼクリアして15分間の間に合計12個の宝を乗務員６人（２巡したことになる）で獲得すると4290点になった。初期画面が現れたときの持ち点から経過時間が差し引かれたのが得点なので、毎回宝にタッチするまで約90秒という短い時間であった。

図８－６は「宝をGETせよ」演習を７人一組で９組の合計63名で実施している様子で、机の上にはパソコンを見る３名とその反対側で同じ画面をケーブルで接続したモニターを見る３名が向かい合っている。７名のうち、もう一人は「親方」の役をやってもらうか第二ヒートの交代要員となる。６

【図８－６】 2010年の演習中風景

人でも実施でき、ジョイスティックは6人×9組＝54個用意しておく。演習会場のパソコンやモニターおよびジョイスティックはUSBコネクターで接続し、演習ではスタートボタンを押すだけの状態にセットしておく。インストラクターも含めたスタッフ3人でパソコンのスタンバイまでの準備で30分はかかるし、9台のパソコン（3台は場内で調達できても3カ月は継続使用できない）は工場内にないので、集合教育の期間中の3カ月間、パソコンをレンタルしている。演習中は常時2名のスタッフが会場に配置されており、受講者からのジョイスティックの操作方法の質問や演習ソフトの不意の不作動に備えている。

図8－7は入社6カ月の総合職の集合教育において「宝をGETせよ」演習を実施している様子で参加者が13名だったので、1組に親方が配置された。手前のグループが7人編成で、親方は立って演習全体を見ており、自分の車に夢中になって、全体を見ていない人には成績向上のためにアドバイスし

【図8－7】 2014年の新入社員の演習中風景

ている。親方の後方で立っているのはスタッフである。入社6カ月であったが、社員平均値の1.2から1.3倍に達していた。言い出す勇気・声掛けなど社会人としての基礎ができてきたことになる。

8－4　協力会社も教育対象

2009年開催から協力会社も教育対象とし職長代理以上を受講対象とした。また、2015年開催からは従来の職長代理以上からすべての協力会社社員に拡大した。このノンテクニカルスキル教育は内容を伝達してノンテクニカルスキルが向上するものでなく、受講してわいわいがやがや意見交換することで気づきが促進され、他者との違いも発見できるものなので、協力会社の職長や課長がこのノンテクニカルスキル教育を聞いて伝えるには難しいと考えた。

当時、受講対象でなかった協力会社の若手には協力会社のインストラクターが教育していたが、その教育現場を見学に行ったら、PowerPointのファイルが印刷して配られ、教育演習の時間短縮のためだと思うが、演習はしていなかった。しかし、演習が一番大事なのだ。

また、教育対象が協力会社全員になった直接のきっかけは協力会社のトラブルの3分の1が（当時のAGC旭硝子千葉工場も3分の1）30歳未満の若年層から発生していることだった。協力会社による請負作業の中には消防法の危険物の移液や毒劇物の取り扱いもあり、タンクのオーバーフロートラブルや重合反応器のドレン弁閉め忘れ、あるいは薬傷災害を撲滅できていなかった。それまでの受講対象は職長代理以上だったが、直接ノンテクニカルスキル教育を協力会社全員が受講できるように変更となった。同じ年の2009年からは協力会社からも講師を出してもらった。前年に協力会社の会長が、AGC旭硝子のノンテクニカルスキル教育に参画したい意向を示されたので、企画段階（テーマ設定）から音声収録など、インストラクターが教育開始までに実施するほとんどの作業を一緒に行った。このような申し出は嬉しかった。2009年から７年間続き、１年ブランク（2016年）の後、2017年から協力会社インストラクターが再開した。

8-5　ま　と　め

パソコンを使っての演習は期待以上に効果があがる。まず、会場に入るとパソコンとモニターが机の上にセットされ、ジョイスティックが接続されているのが目に留まるため、楽しい演習をするのだろうとワクワク感があるらしい。実際、いつも会場に来ると何があるのか楽しみですという感想があった。ジョイスティックの操作が苦手な人には「親方」という役があるので、監督のようなこともでき、参画度合を高

めた。

パソコンを使っての演習は操作にのめりやすく、いつのまにか自分の本性あるいは７人の集団の個性が発露しやすい。目の前にある演習に入り込むので演習を終えた後、第一科目で学習したノンテクニカルスキルの要素が深く実感できる。インストラクターが第三科目で話す事故事例研究においても、そのノンテクニカルスキルの要素に深く関係しており、その事故の教訓がその前の第二科目の演習での学習対象とピタリ一致している。したがって、受講者の納得感が強く、腹落ちの度合も高いと思う。１回あたり２時間くらいのノンテクニカルスキル教育であるが、教育プログラムを３科目構成にする意義があった。

普段の職場の課題を上位概念した仮想演習という場で、話し合いあるいは意見交換を通じて、自分の意見を言い、他者の指摘や指示を聞いて、そのときの教育テーマに沿った修得をし、ノンテクニカルスキル要素の重要性に受講者は気づいているだろう。演習後のデブリーフィングで演習を振り返り、意見交換することでさらに個人個人の他者の視点の内化が図れ、視野の向上にも結びついているのではないかと思う。

第9章

行動特性評価の実際

9-1　安全力評価

9-1-1　安全力評価とは

運転員自身の行動特性を自ら気づかせるため、行動特性評価を実施している。行動特性評価の実施内容を**表9－1**に示す。AGC旭硝子は「自己を知れば事故は減る」[1]のキャッチフレーズで株式会社電脳が開発し、株式会社つくし工房が販売している、現場力シリーズ「安全力チェック」を2012年に全運転員を対象に実施した。災害は人的要因、物的要因および管理的要因に分けられるが、このチェックは人的要因に焦点を当てている。測定尺度の理論的背景の一つはA.マズ

【表9－1】　行動特性の実施

実施年	対象特性
2012	安全力（性格・行動特性）
2013	危険敢行性と危険感受性
2014	きまりを守れなかった類型
2015	思い込み・決めつけ類型

ローの欲求の５段階説に立脚しており、人は最終的に「自己実現」を目指して成長していくもので、一番根底にある「生理的欲求」の次の段階に「安心・安全」への欲求が位置づけられている。

「安心・安全」はそれ自体が目的でなく、それが実現できる環境を整備して対応することで得られるものである。

安全力とは安全を強く意識して実践する力と危険を排除する力といえ、きまりを遵守する態度や行動に現れる。あまり用心深くて前に進めなくなったり、ミスを恐れて、緊張しすぎて判断や行動が遅れたりすることがある。それらは社会的・心理的要因が安全力には関連しているので、その程度や度合について測定することが考案された。

社会的側面から判定する特性は、①遵守・規律性、②安全態度、③安全志向の三つ。

「安全」に関する意識や態度・行動に関する特性できまりを守ろうとする遵守・規律性やより積極的に安全に対して考えて準備しようとする安全態度、そして多少の危険を冒しても、自分の欲求を求めたりする特性志向の人もいる。

「遵守・規律性」は決められたことや作業手順などをしっかり守ることができる程度を、「安全態度」は事故に結びつきやすい危険な行動をとらず、安全を重視した行動を心掛けている程度を、「安全志向」は危険なことに対する興味や関心がなく、安全を重視した気持ちが備わっている程度を測定している。

性格的側面から判定する特性は、①情緒不安定性、②衝動性、③自己中心性の要素となる。

気分屋で気分にむらがあったり、ちょっとしたことで不安になったり、論理的思考より感情をベースにした思考であまり考えずに作業する「おっちょこちょい」タイプや周りとの調和の度合もあげられる。これらは「安心・安全」を妨げる行動特性と考えられる。

「情緒不安定性」は感情の浮き沈みが少なく、気持ちを取り乱しにくい性質の程度を、「衝動性」はいらいらしたり、かりかりしにくく、衝動的な判断や行動を抑えられる性質の程度を、「自己中心性」は自分勝手な判断や行動をすることなく、周囲への配慮や協調を重んじる性質の程度を測定している。

9－1－2　安全力評価の結果

心理検査の質問紙法を採用した70問（内10問は虚偽尺度判定）に答える自己評価方式であり、本章9－1－1で述べた社会的側面から判定する3特性および性格的側面から判定する3特性がチェックできる。虚偽尺度判定10問の内3問に虚偽判定が認められると、安全力全体の回答は信用しにくいと判断する。AGC旭硝子千葉工場で実施した結果全体の3％近くが信頼できる回答をしなかったと判断された。この

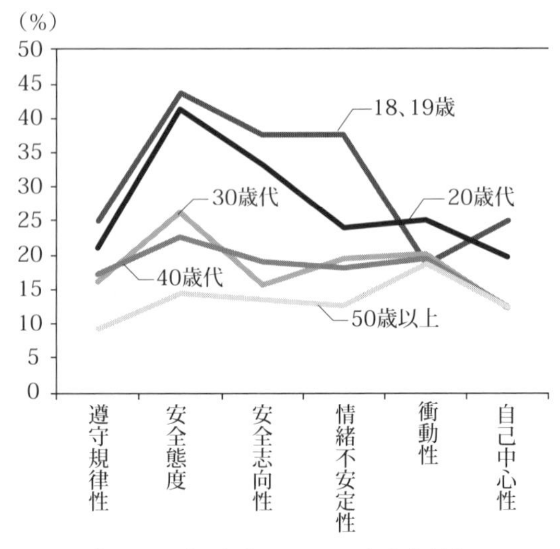

【図9－1】　年代別Cランク保有者割合

3％は全国平均値と同じであった。

回答した結果から評価判定書が届き、自分自身の上記6項目について安全力の程度を知ることができる。それぞれの特性についてAランクは良好、Bランクは普通、Cランクはリスキーと評価分類される。結果は職場別、年齢層別等に傾向解析し行動災害防止活動の参考としている。**図9－1**（第1章**図1－3**を再掲）は各年齢層別の上記6項目のCランクの割合を示し、若年層ほど安全態度や衝動性のCランクの割合が高く、高年齢層になるほどCランクの割合は低い。

このグラフを作成するときに18、19歳（24名）も年齢層別では20歳代に入れて相関をとったが、年齢層別の違いがはっきりしてきたので、この24名を10歳代として層別した結果、さらに衝動性を除く５特性が20歳代のＣランク割合より高くなった。特に情緒不安定性は20歳代の1.6倍である38％を占めた。情緒不安定性、衝動性および自己中心性が要素である性格面の年代別差の情緒不安定性は40歳代の値は20歳代のほぼ半分になっており、自己中心性も40歳代の値は20歳代の３分の２くらいになっている。年齢を重ねるにしたがって社会的成長があるといえる。別の視野で見ると、職長代理や職長へと職場内地位があがると見本を示す立場になり、それなりのふるまいができるようになるといえる。社会的側面の要素である安全態度も10歳代、20歳代においては40％以上と高い値を示しているが、大脳の前頭前皮質の成長とともに30歳代では半分近くまで低下している（**図１－１**参照）。

また、危険敢行性の反対語である安全志向性についても、20歳代は34％だが、30歳代では16％まで低下している。

10年前、10年後の評価はないが、年齢が上がると共にＣランクの割合は減っていくと推定でき、個人の経年変化としても成長につれ平均としてＡランク側に変化していると思われる。2017年６月頃に最初に安全力を評価して５年経過したので、代表的な部署の安全力評価を実施して仮説通りだったか検証したい。労働災害発生数と最も相関があった特性は社会的側面の規律・遵守性であった。これはしくみができていても、規定が定まっていても守らなかったこと、あるいは守れなかったことが事故の原因になったと推察できる。規律・遵守性Ｃランクの方の労働災害（ヒヤリハットも含む）発生の度数率は規律・遵守性Ａランクの人の５倍であった。化学工学会安全部会主催のノンテクニカルスキル講座でこの評価の話をしているときに、受講者に「労働災害に最も相関のあった特性はどれでしょうか？」と尋ねると誰も手を挙げなかったが、最初に指名した９割の人が自己中心性と答えた。次の指名の人は情緒不安定性と答えることが多かった。３人目でも正解が答えられなかった会場もあったが、それが問題ではなく、きまりを守らない性向が強い人が労働災害を起こしがちであったことが納得してもらえた。

きまりでは全面シールドを着用してからとなっているが、ちょっとしたサンプリング作業だから通常の保護眼鏡だけして苛性ソーダのサンプリングをドレン弁を開けて実施した。普通はバケツへのブロー時に跳ね返りはないのだが、このときは保護眼鏡の横のすきまから目に入った。

2012年に安全力の評価をすべての部署（受講者1,210名）で実施して、プロセス事故について解析した相関を**図９－２**に示す。2005～2011年の７年間のプロセス事故（小火、漏洩、協定値超過やヒヤリ含む）の上位８部署の部署別件数（横軸）とその部署の規律・遵守性Ｃランク割合（縦軸）の相関であ

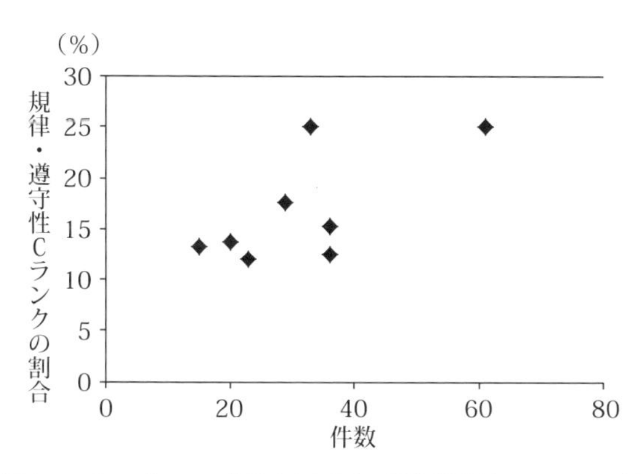

【図9－2】 プロセス事故と部署別の規律遵守性Cランクの割合

る。規律・遵守性Cランク割合が高いほど、プロセス事故が多いという相関が取れた。ピアソンの積率相関係数が0.46で弱い相関あり、最多発部署のその前の年までの6年間は56件だったので、相関の傾きは0.5を超え強い相関ありと判定できた。

スクラバーの循環液のpHがハイアラーム値に達したが、調整をしなくて、排水のCODを上昇させてしまった。

きまりを守らない性向が強い人の集団ではプロセス事故が多いことを示し、労働災害も多い。これはその部署の運転員およびスタッフが長年かけて醸成してきた組織的要因である職場の雰囲気（安全文化という定義にはならない）が運転員の意識や行動に影響していると考えられる。第1章で示したように事故原因はノンテクニカルスキル要因が増え、さらに

【図９－３】　安全力の回答中の会場風景

10年前から組織的要因が増えてきている。部署の構成員は退職者や新入社員の仲間入りなどで入れ替わるが、この職場の組織的要因は４年くらいで交代する部署長（大きな事業所の場合）やメンターの働きかけで大きくは変わらない。

きまりを守らないことは自分への裏切りであると荒井保和氏は著書の中で述べた[2)]。

仕事のプロとして、任されている職務の手順などをスキップするような行為は良くない。しかし、現実にはいたるところでこの現象が発生している。第１章１－４化学分野での動きで述べた大きな事故の原因の中には規律遵守性を含んでいる。小さな事故、例えば前述のちょっとしたサンプリング作業で決まっている保護具をしなかったのもルールを守らな

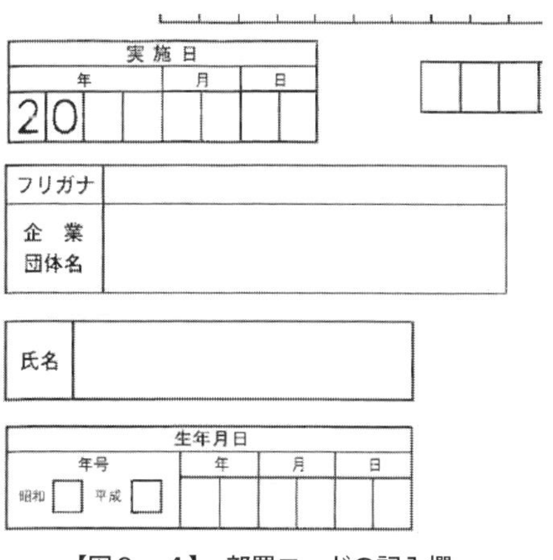
実施日
年 月 日
20
フリガナ
企業団体名
氏名
生年月日
年号 年 月 日
昭和 平成

【図9－4】 部署コードの記入欄

かったことが原因だった。

図9－3は回答用紙とセットで市販されているCDを音声再生して、受講者が安全力の6要素、それぞれ10問の合計60問と虚偽尺度設問10問の合計70問に回答しているところである。

安全力の6個の要素と労災データやプロセス事故との部署別の相関を取るため、大量のデータの内、部署を分類して統計計算するので、部署別に統計処理が簡単にできるように部署コード番号を記入用紙の「企業団体名」に記入した。**図9－4**は安全力評価書の部署コード記入欄である。

9－2　危険敢行性の評価について

9－2－1　危険敢行性とは

それぞれの職場には、様々な危険が潜んでおり、経験の浅い人や入社して間もない人は、取り扱う設備の構造・特徴や作業に伴う危険について十分知らない可能性がある。ベテランであってもよく考えないと見えてこない危険もある。

災害につかまらないためには、まず「危険」を「危険」として認識でき、その「危険」を回避する行動をとることが大切である。この「設備・作業の安全に関する知識」と「危険」かもしれないと思う力（「生命維持の本能」とでもいえる）を複合したものが「危険感受性」である。

一方、「危険感受性」と関係なく、実際の行動において不安全なことを意識的に、あるいは無意識にやってしまうことがある。設備を止めなくても作業できるだろう、朝の危険予知ミーティングでその危険作業を取り上げたが、そこまでしなくていいだろうと考えたなどなど。よく考えれば危険とわかっていても「やってしまう」ことは作業現場以外の日常生活でもしばしばある。「駆け込み乗車はおやめください」と放送があっても出発間際の電車に乗るため、階段を駆け下りる。

この危険なことでも「やってしまう」傾向を「危険敢行性」

といい、「効率の良さを求める本能（誰もが持っている身体のエネルギー消費を最小限にするための本能）」とでもいえるものである。

しかし、私達の職場で取り扱う物は重かったり、大きなエネルギーを持っており、「やってしまう」ことが大きな災害に結びついたことがあった。作業の要所要所で用心深く行動することが災害防止には不可欠である。

9－2－2　危険敢行性の評価との出会い

2011年10月、東京で開催された産業安全運動100年記念第70回全国産業安全衛生大会の安全衛生教育分科会にて、住友金属工業（現 新日鐵住金）安全・健康部次長の朱宮徹氏が「危険敢行性に着目した行動特性評価の活用」というテーマで講演した。

危険敢行性の評価を実施して労災を減らした話に会場の聴講者は感動し、その設問を入手したいと思った。朱宮氏は質疑応答の時間に「先程話した危険敢行性の21の設問を差し上げます」と30枚のA4判の印刷物を差し出したので、聴講者が演台に群がり、もらえなかった人が席に戻る時間が質疑応答の持ち時間をオーバーさせ、次の講演者である筆者は荒れ場からのスタートかと思い緊張した。印刷物を手に入れた事業所の人々はその後どのような展開をしたのか意見交換したいものだ。これが筆者と危険敢行性評価の最初の出会いで

（14：10～14：20 休憩）　14：20	
⓫危険敢行性に着目した 行動特性評価の活用 住友金属工業㈱ 安全・健康部 次長 朱宮　徹	当社が開発した安全体感教育は、危険感受性を高めることに結びついているが、実作業において「自分は大丈夫」の過信による危険敢行性の抑制には不十分との認識に至った。人の行動特性（危険感受性・敢行性）をマッピングして、従業員の安全行動と職場内コミュニケーションを促す手法を開発した。
14：40	
⓬気づきを促進する演習を 活用した教育の推進 旭硝子㈱千葉工場 環境安全部 保安管理グループ 南川 忠男	演習集合教育を開始した理由は、災害のなぜなぜ分析で「ひとこと言っておけば」「やる前に相談すれば」が挙げられ、声かけの大切さ、適正な権威勾配、言い出す勇気といったコミュニケーションの重要性に気づく教育が求められていた。気づきを促すプログラムを始めて6年が経過、その効果を発表する。

出典：「産業安全運動100年記念第70回全国産業安全衛生大会」安全衛生教育分科会講演プログラムより（2011年10月）

【図9－5】 全国産業安全衛生大会のプログラム

ある。そのときの全国産業安全衛生大会のプログラムを**図9－5**に示す。

その分科会の締めくくりの講演は、東レ経営研究所の佐々木常夫氏による「ワークライフバランス実現のための仕事術」であった。著書を読むより、近くで話を聞く方が苦労したことがわかり、よく内容が理解できた。

また、前述の朱宮氏より危険敢行性の21の設問と発表内容のPowerPointファイルを後日送付していただいた。そしてその18カ月後にAGC旭硝子千葉工場のノンテクニカルスキル教育で危険敢行性の評価を実施したのがいきさつとなる。

2012年に実施した安全力評価において社会的側面から判定する３番目の特性である安全志向は危険敢行性の反対語であり、安全志向性の評価が低いということは危険敢行性が高いことを意味する。本来ならば、危険を避けて安全を志向するのが一般的傾向であるが、危険敢行性が高い人は危険を承知でそれを敢行する。多少の危険を冒しても、自分の欲求を求めたり、積極的にハイリスクハイリターン志向の人もいる。後述の９－３思い込み特性の評価におけるおっちょこちょい性向は安全力評価の衝動性と同じ要素である。

9－2－3　KKマッピングとは

心理学の調査に使われる質問紙法という手法が応用されており、危険感受性の判定質問21問に「はい」か「いいえ」で答え、危険敢行性の判定質問21問にも「はい」か「いいえ」で答えるものである。

KKマッピングは、一人ひとりの特徴を確認して、実際の作業での危険な行動を思いとどまってもらうために行動の特徴を再確認して、KKマップ（当時の住友金属工業はその頭文字を取ってKKマップと名付けた。）に各人の特徴のポジションを記入するものである。

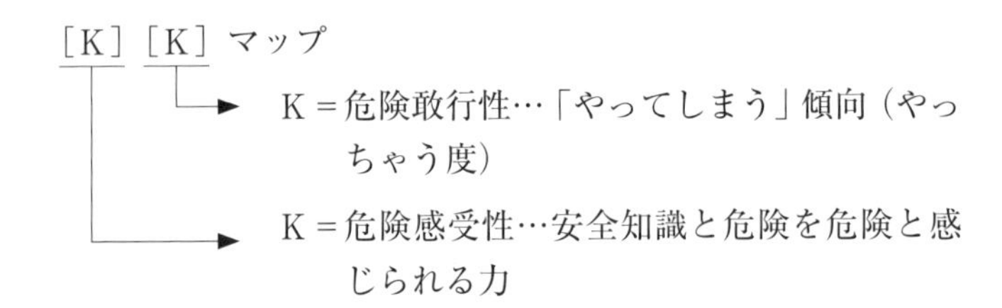

安全な作業を行うためには「危険感受性」を高め、「危険敢行性」（「やってしまう」気持ち）を抑制することが大切である。いくら危険に対する感受性が高くても「やってしまって」は災害につかまってしまう。この「危険感受性」と「危険敢行性」と行動面の安全の確保の関係を４象限で図示したのがKKマップである。

9－2－4　KKマッピングの４類型

危険敢行性を横軸に危険感受性を縦軸にそれぞれの強弱で４象限にその類型が分類される。右上の象限から順に時計回りにそのタイプを解説する。

①「過信の不安全」タイプ

危険感受性は高いが危険敢行性が高いタイプでこのゾーンには「自分がやらなければ誰がやる」といった仕事に対して責任感が非常に強い人がいるかもしれない。また思い込みの強い人もいるかもしれない。危険とわかっていても無理してやってしまう人もこのタイプに属する。

仕事は「安全に仕事をすること」が「仕事をすること」で

あり、言い換えれば「安全に生産することが第一」ということである。決してケガをしてまで生産最優先にしてほしいとは思っていない。

自分には「やってしまう」という特性があるという気持ちをいつも持って安全な作業に徹する。日頃の生活でも「やってしまう」という傾向をコントロールする訓練を自分自身で行うことも大切である。

②「ついつい不安全」タイプ

危険感受性が低く危険敢行性が高いタイプで、勢いのある人がこのゾーンに入っている。失敗したときに、失敗を自分の力で取り戻そうとして無理をしてしまう傾向の人もいるかもしれない。

「急がば回れ」という言葉の通り、知らないことは先輩・同僚に聞いてよく理解してから行動することが大切である。また、トラブルがあったときには、監督者・リーダーに正確に事態を伝えて、その指示を受けて慎重に対処することも必要である。

③「自信のない安全」タイプ

危険感受性が低く危険敢行性は高くないタイプで、まだ仕事のことがまだよくわかっていない人がこのゾーンには多い。

しっかり勉強して、安全で効率的に仕事ができるよう努力する必要がある。先輩・同僚もしっかりサポートしよう。

④「特性を活かして安全」タイプ

危険感受性が高く危険敢行性が低いタイプで、このゾーンに入っている人は安全？？

安全感度は高く、危険な行動はしないという傾向の人がこのゾーン、それも左の上の隅に近づけば理想的‥‥であるが、実際の作業での安全は、その特性を活かさなければ確保できない。

常に理想的な心身の状態にある、環境や条件が整っているというわけではない。常に自分の特性を活かして安全な作業を行うことが大事である。

また、このゾーンの人は、理想的な姿を知っていて、少し

背伸びをしてマッピングをしていないか、実際の行動でその特性が活かせているかを自分自身で振り返ってみることも大切である。

用意してある設問を収録したCDを音声再生して、受講者が危険敢行性の21問に回答しているところを**図9－6**に示す。設問21問は約5分間収録されており、収録音声には5問ごとに区切りの言葉を入れて、受講者の回答欄の段ずれや回答対象特性の間違いがあれば早く気づけるようにしてある。

その年の集合教育が完了し、工場内の部署別の集計を完了させた環境安全部が部署別にKKマップを作成し、部署に渡したKKマップを**図9－7**に示す。小規模での伝達や説明がよく伝わるので、掲示する前に部署ごとに部署長やスタッフ

【図9－6】　危険敢行性の設問に回答中の会場風景

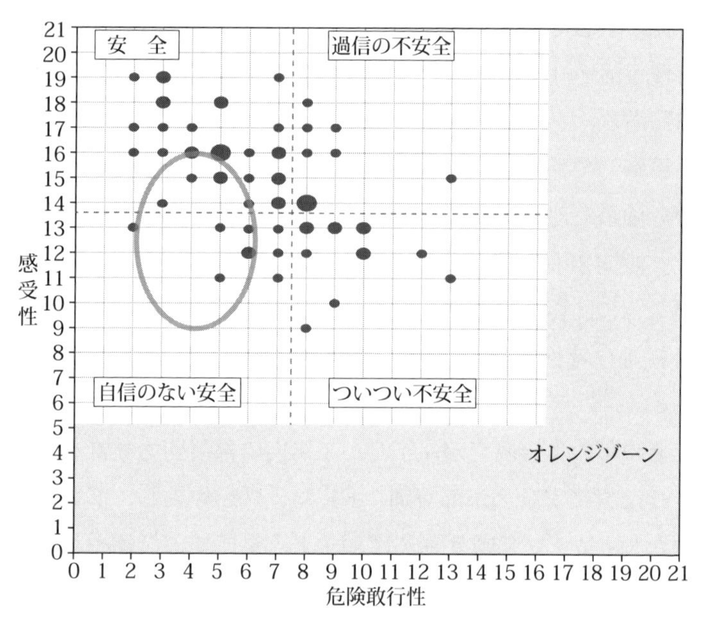

（　）は千葉工場平均値

安　　　全	31人	52%（59）
自信のない安全	9人	15%（9）
過信の不安全	8人	13%（16）
ついつい不安全	12人	20%（16）
合　　　計	60人	

【図９－７】　環境安全部から渡された部署別 KK マップ

に集まってもらい（AGC旭硝子千葉工場では安全衛生委員会やRC委員会などでまとめて話さない。19の部署に同じことを話した）、そのときにその部署のA4判個人名入りExcel

のKKマップと**図９－７**で示すA1判のKKマップ（個人名記載しない）を渡す。小規模での部署別説明会では、予想通りだった人もいれば意外な位置にいるとの感想が聞かれる。

その説明会兼KKマップ配布会では、今後の展開方法について予め作成してあるKKマッピング実施要領書を20分くらいかけて丁寧に説明する。実施要領書はKKマップの意義やメンターの指導要綱的な面もあり、指導する上で考慮してほしいこと、言ってはいけないことが記述されている。説明会では危険敢行性を自覚してその行動を抑制すればそれ起因の災害が減ると熱意をもって話す。詳細は９－４行動特性評価の成功モデルで述べる。

環境安全部から渡されたKKマップは、部署ごとにすぐに

【図９－８】　控室に掲示されたKKマップ

制御室の控室など目立つ所に掲示してもらった。**図９－８**は控室に掲示されたKKマップである。

9－3　思い込み特性の評価

9－3－1　思い込み特性の評価手法の開発の動機

判断のバイアスにとらわれてしまう人とそれを抑制できる人がいるので、その特性を簡単に見分けられないか、危険敢行性の評価で成果がでてきた2013年頃から模索していた。AGC旭硝子では2005年から開始したノンテクニカルスキル教育の一環として、2012年の開催から行動特性評価を実施し、「自己を知れば事故が減る」を成果として出してきた。

2013年に実施した危険感受性と危険敢行性の個人評価を実施した後、危険敢行性起因の労災が２年で３分の１に減った（９件が３件）。また、2014年のノンテクニカルスキル教育で実施した「きまりを守れない８パターンの類型化」作業で部署別・工場全体の傾向が把握できた。規律遵守性はノンテクニカルスキルの要素ではないが、そのような行動特性の改善も含めた統合的な事故防止教育を目指している。各部署では工場全体の傾向と自部署の割合を比較して、自部署の弱み（この評価の特性上、強みは発見されない）を職場内のスモールミーティングで情報共有化し、それが原因での自部署の過去トラブルを事故事例研究している。

行動特性を把握すると運転員は自覚でき、その特性起因のトラブルを抑制する方向にメンタルモデルが変容したと考えられる。心理検査は人間の行動をできるかぎり客観的に測定することを目的としている。個人の心理特性や行動特性を数量的に表現する体系的なデータ収集法である。

2015年春に思い込みとおっちょこちょいの特性を評価するため、それぞれ、25問、22問の設問にYesかNoで答えることにより、簡単に把握できる質問紙法による手法を開発した。化学工場専用の設問でなくあらゆる分野での使用が可能なように、日常の各種場面での実体験情報を元に作成した。例えば「アリオの駐車場で買い物が終わった後、車を探すことがある」。

第2章2－4－1思い込みの10パターンで述べたパターンの中で日常生活で頻出する場面から重点的に設問を考えた。極端化の思い込みは「わずかな経験からすべてそうだと結論を出す」パターンで、設問数として一番多い5個、レッテル貼りは「行動する前から、自分勝手に結果を決めつける」パターンで、設問を5個考案した。そのうちの一つは「歩いているときに、前の人が急に止まると思わず、ぶつかりそうになった」である。それは都合の良い情報だけを選び出し、他は無視するケースである。新たに開発する手法には妥当性と信頼性が要求されるので、質問紙法に求められる要件を**表9－2**に示す[3)]。

【表9－2】 質問紙法設計の要件

	種　類	意　味
妥当性	内容的妥当性	測定したい内容を偏りなく反映しているか
	基準関連性	併存的妥当性
	構成概念妥当性	尺度による測定結果と理論的予測との整合性
信頼性	再検査信頼性	時間を経た安定性
	内的整合性	項目内容の等質性

否定文の否定疑問文は被験者にわかりにくく答えにくいので、直接的な疑問文とした。実際に本番で使用する半年前に、ほぼ完成版を筆者が性格をだいたい知っている階層も違う老若男女13名に試し評価を実施し、妥当性があることを確認した。この時点では音声収録CDは作成しておらず、収録する設問を指名された女性社員が収録のリハーサルを兼ねて直接読み上げた。一人だけ少しずれた自己評価（はっきり言うとうそをついた）をしていたのが他人評価で見つけることができた。

その５カ月後に同じメンバーに再評価をしたら、１名を除き５％以内のずれであったので、時間を経た安定性があると判断し、ノンテクニカルスキル教育での本採用とした。その１名は前回と違って、厳しめに評価したと言った。

9－3－2　オーオーマップとは

横軸に思い込み性、縦軸におっちょこちょい性を４象限で類型化したものをオーオーマップと呼ぶ。危険敢行性と危険感受性のKKマップは本章9－2で述べたように危険敢行性などの頭文字を取ってKKマップと呼んだが、同じように頭文字をとるとOOマップとなりゼロなのか見分けにくいし、一般化する「O」とも思われるのでオーオーマップと呼称した。

AGC旭硝子千葉工場で発明されたオーオーマップもKKマップと同じように、一人ひとりの行動特性を評価し、本人がその行動特性を自覚して、実際の作業での思い込み行動や衝動行動を抑制してほしいとの思いで作成している。各人の行動特性のポジションをマップに記入するものである。

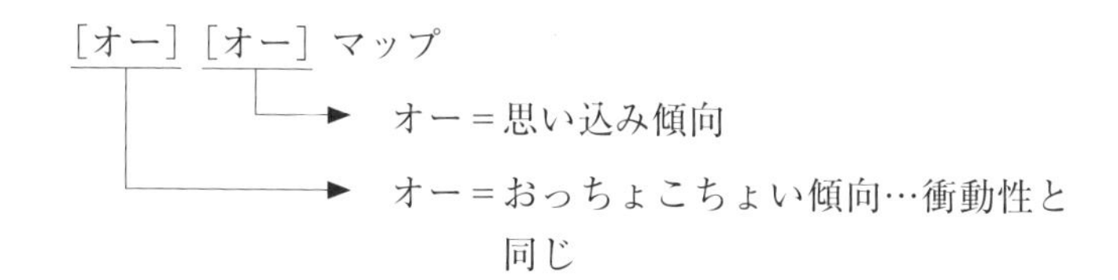

9-3-3　思い込み特性の評価の実際

図9－9は試運転時のマップで、考案されたばかりの思い込み性の25設問およびおっちょこちょい性の21設問を試運転完了後に13名に回答してもらった結果のオーオーマップである。試運転は2回実施され、1回目は妥当性を、2回目は再現性をチェックした。

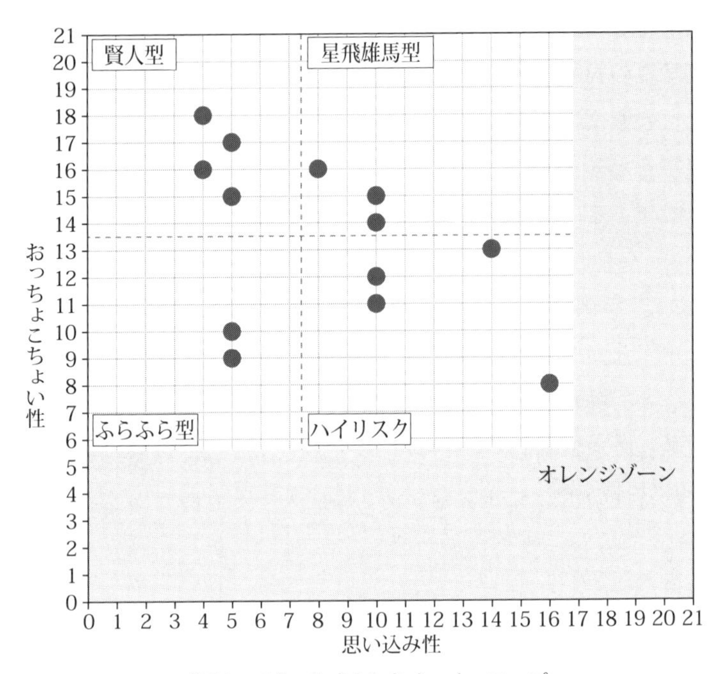

【図９－９】　作成されたオーオーマップ

図９－10は掲示されているオーオーマップで、各部署では控室の数の分のオーオーマップが必要なので環境安全部がA1判で渡した。評価時に受講者はどの類型に属するかわかったはずであるが、控室に掲示しておけば時々我に帰るという意義がある。その後の展開は本章９－２危険敢行性の評価についてと同じである。

図９－11は2015年の集合教育で収録された音声（CDの

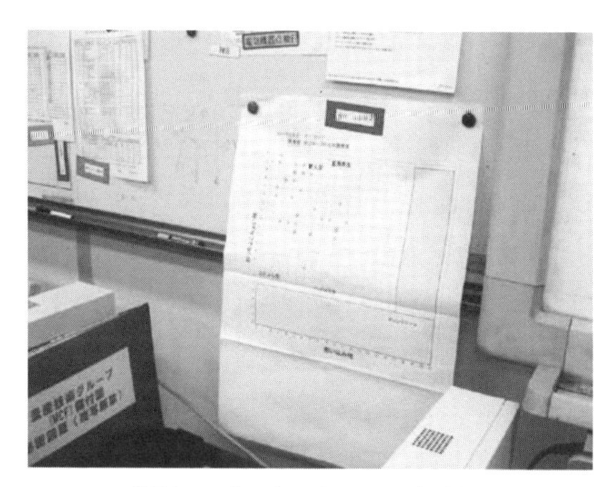

【図９－10】　オーオーマップの掲示

【図９－11】　思い込みの評価中

再生）に沿って受講者が各設問に答えている様子である。１問当たり30の平均文字数となっており、回答時間も含め１問16秒のやや遅い速度で収録していて、47問の回答所要時間は12分となる。危険敢行性の評価時の音声と同じように５問ごとに区切りをつけ、受講者の回答時の段ずれに早く気づくようにしている。音声情報だけに反応して答えるときに比べ、書面で質問紙を渡すと考える時間があり、「こうすべきだ」思考が頭をもたげてくる。それによって回答への正直さが変わる可能性があると予想した。すでにこの音声CDを入手している事業所でもCDの音声を再生するのでなく、インストラクターが自ら設問を読み上げている事業所もあるが、これも良い。避けるべきことは、書面で設問を配布してその文字情報で自己評価することである。

9－3－4　オーオーマップの４類型

KKマップと同じように思い込み性を横軸に、おっちょこちょい性を縦軸に、それぞれの強弱で４象限にその類型が分類される（**図９－９**参照）。右上の象限から時計回り順にそのタイプを解説する。

①「星飛雄馬」タイプ

おっちょこちょい性は弱いが思い込みが強いタイプで、元気があり、自信があるように見える。また、筋金入りの思い込みの強い人もいるかもしれない。しかし、仕事は「安全に手順書に沿って仕事をすること」が「仕事をすること」である。以前、手順書から外れたことをしたとき、うまくいったという経験が正しい判断を曇らせる。

自分には「思い込む」という特性があるという気持ちをいつも持って安全な作業に徹することである。日頃の生活でも「思い込む」起因のミスをしないようにメタ認知する（自問自答すること）訓練を自分自身で行うことも大切である。

梶原一騎：原作、川崎のぼる：作画の日本の漫画「巨人の星」は、主人公の星飛雄馬が、父星一徹の厳しいスパルタ教育で鍛えられ、甲子園での激闘、巨人入団後に大リーグボールを開発するなどの物語であった。アニメ版の主題歌の最初のフレーズが「思い込んだら試練の道を♪」から右上の象限を星飛雄馬型と命名した。

②「ハイリスク」タイプ

おっちょこちょい性が強く且つ思い込みも強いタイプで、思い込んだばかりにヒヤリとしたことが多い人が該当する。実際、このタイプの人は乗務員においてその他の類型と比べ事故度数率が高い。作業においてより用心深さを求められる人がこのゾーンに入っていないか。よく考えないで見たままの印象ですぐに行動を起こさず、「一呼吸おこう」という言葉の通り、行動する前にその行動について考える余裕が必要である。

複雑な作業あるいは間違えやすい作業をするときは、先輩・同僚に作業前に連絡して万一の誤りも指摘してもらえるよう「他者へのその都度報告」がミス防止に有効である。

「わかり合うよりたしかめ合うことだ」という歌詞が吉田拓郎の曲［人生を語らず（1974）］で歌われている[4)]。一呼吸置くには自分による確かめ、上記の他者へのその都度報告は他者による確かめとなる。

③「ふらふら」タイプ

おっちょこちょい性は強いが思い込みは弱いタイプで、安全力評価の性格的側面から判定する「衝動性」が高い人と重なる。

自分がおっちょこちょいであることを深く自覚して、3年間それを抑制する行動をとれば体が覚え、メンタルモデルも改善されるであろう。メンターあるいはリーダーの人は寄り添うように見守ろう。本人は安全で確実に仕事ができるよう努力しよう。先輩・同僚もしっかりサポートしていこう。

④「賢人」タイプ

おっちょこちょい性も思い込みも弱いタイプで、このゾーンに入っている人は四つの類型の中では任せられる度合が高いが、常に自分の特性を活かして安全な作業を行うことが大事である。衝動的でなく、固定的な考えで行動はしないという傾向の人がこのゾーンにいる。

実際の作業での安全は、その特性を活かさなければ確保できない。常に理想的な心身の状態であったり、作業する環境や条件が整っているというわけではなく、緊急時や精神的に不安定になったときに無意識下に存在する思い込みが首をもたげてこないよう自覚しておくことが大事である。

また、このゾーンの人は、理想的な姿を知っていて、「そうあるべきだ」と背伸び回答をした人が数％はいるが、実際の行動でその特性が活かせているかを自分自身で振り返ってみることも大切である。

9－3－5　思い込み特性評価教育の結果と考察

2015年のAGC旭硝子千葉工場のノンテクニカルスキル教育の中で実施された思い込み性・おっちょこちょい性評価の結果、社員719名（協力会社の約500名は別途作成）では**図9－12**のような分布となった。

偶然であるが、KKマップとオーオーマップの左上象限は59％と数値が一致した。KKマップでは右半分は33％であったが、オーオーマップでは23％となった。右下のハイリスクに属する割合は社員全体では13％であるが、30歳未満の年齢層では16％、その年の８月のインターン参加者（平均年齢23歳）では22％となった。まだ前頭前野が発達途上なのだと思う。

ノンテクニカルスキル教育11年目は「思い込み防止」をテーマに、2015年４～６月、AGC旭硝子千葉工場の社員および協力会社社員の合計約1,200名が受講した。この年は理解度

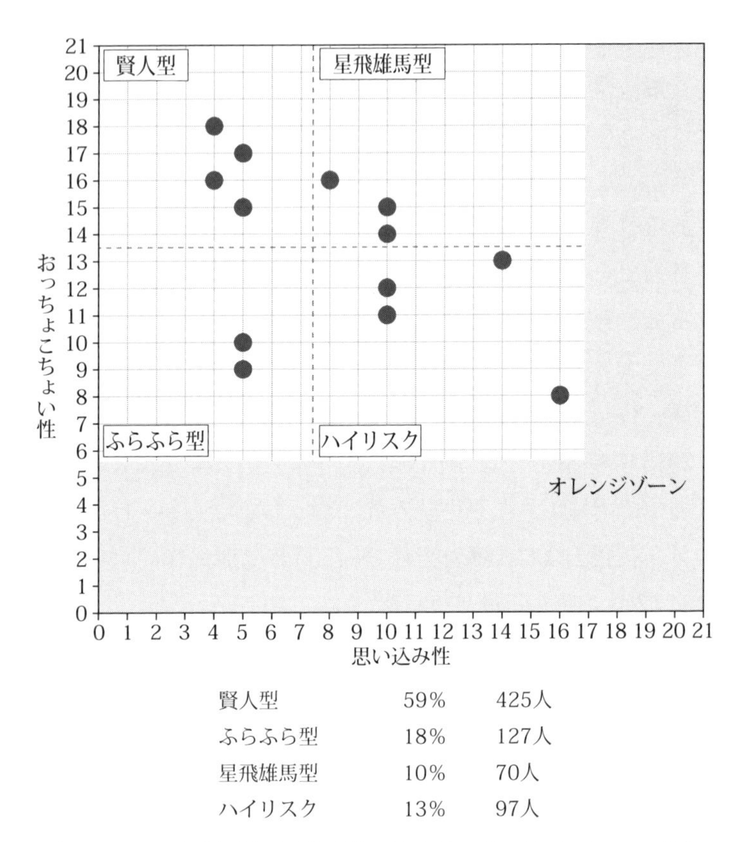

賢人型	59%	425人
ふらふら型	18%	127人
星飛雄馬型	10%	70人
ハイリスク	13%	97人

【図９－12】　AGC旭硝子千葉工場の思い込み・おっちょこちょいの分布

試験（振り返りシートの裏面が回答用紙）を実施したので、振り返りシートは理解度試験終了後に作成してもらった。振り返りシートの上部半分は所属と氏名を記入して思い込み性とおっちょこちょい性の評価回答欄にしていたので、おはじき演習と思い込みに関する感想を記入する欄が下半分だけとなり、記入欄が少ない分、受講者は書く負担感を少なく感じ、感想の記述が多かった。多く書かれると多くの本音を聞くことができた。

思い込みを防止する教育の中で、思い込みについて気づきを深くしてもらったと思う。意見交換をする演習に時間を取っているが、机上での教育に限界があることも後で掲載する振り返りシートの1.「机上では正しい判断ができるが実際が不安」や3.「その場での瞬間の判断ではもっと思い込みによる行動は多くなると思います」の率直な感想や意見でわかる。特に3.の意見は第2章で述べた2002年のノーベル経済学賞受賞者・心理学者ダニエル・カーネマンの理論が唱えた「落とし穴に捕捉されるのはファスト経路の見たものがすべてとか直観的な考えをスロー経路が判断できなかった場合に発生している」との指摘と同じ状況である。

過去の行動や言動と整合性がとれていなくても人間は頭を使うことを面倒がる傾向にあるので、その場その場の決定をしてしまう。情報を取り込んで判断するときに、上記のファスト経路においてもスロー経路においても、脆弱でスキがあることを認識しておく必要がある。そして、その傾向は年齢と共に強くなる。すなわち思考の柔軟性が低下していき、頑固になっていくということである。

思い込みを防止するには我々は程度の差こそあれ、そのような傾向を持っていると認識し、その落とし穴に落ちないようにするにはどうするか考える必要がある。

教育ではあらかじめ講師が考えた簡単な四つの方法を伝授している。その四つの方法はどれか一つ実施するだけでも効果が上がる。

2015年の思い込み防止教育の振り返りシートの抜粋を以下に掲載する。

1．机上では正しい判断ができるが実際が不安。
2．災害が発生するときにいろいろな考えで勘違いが起こると思った。
3．その場での瞬間の判断ではもっと思い込みによる行動は多くなると思います。
4．自己を知れば事故が減ると言っていたので、自分をもっと知ろうと思いました。
5．思い込みは誰にでもあるのでこういう教育でリピーター教育をしていくのが大切だと思います。
6．思い込みが多いことがわかった。
7．作業時間がなく急いでいたときに手順書どおりに行っていないことがある。
8．ルールを守らないとどうなるかよく考え、作業のショートカットをせず基本を守ります。
9．自問自答の考えで常に他人のことを考えより良い作業ができたら良い。

10. 思い込みがトラブルの根幹にあり、取り除くことが難しいなど興味深かった。
11. 他者へのその都度報告をしようと思います。
12. 演習では自分と違う答えの方がいて、少し悩まされたが、その考えがわかった。
13. 緊急時に冷静に判断できるかが重要と思います。
14. 演習はもっと難しいのにしてほしい。
15. お互いに何を考えているのか言うのが重要だと思います。
16. 同じグループのベテランが演習で過去の経験談を話して

くれたのが良かった。
17. 実体験に基づいた活発な意見交換ができた。
18. 演習では両者の考えを議論することで新たな気づきがあった。

9－3－6　思いこみ防止の四つの方法

行動特性の評価を終え、受講者は自分がどの領域にいるか把握できたときに「思い込みの強い方は自覚してくださいよ」とか「危険敢行性の強い方は踏みとどまってください」と依頼しても受講者は頭の中に具体的な行動を思い浮かべることはできない。そこでインストラクターは思い込みや危険敢行性を抑制する具体的な簡単な行動を３、４件説明する。このうちのどれか一つでも実行すれば、この行動特性起因のトラブルは発生しないだろうと強調する。思い込み防止の教育であれば第２章２－５思い込みを防止するにはで述べた四つの方法（①一呼吸おく、②指差呼称、③他者へのその都度報告、④自問自答力の向上）を説明する。

9－4　行動特性評価の成功モデル

行動特性評価を実施すると事業所で決めたら、本章９－２－４KKマッピングの４類型で少し述べたが、行動特性評価を含めたノンテクニカルスキル教育のプログラム（その年だけでも良い）を第８章で述べた３科目構成を念頭に立案し、インストラクターは教材を作成し、話す言葉を決め、本番を実施する。そして誰が各部署への要領書の説明と一緒にKKマップ（あるいはオーオーマップ）を説明するか、担当を決めることが大事である。環境安全部のインストラクターが工場全体の受講者の回答用紙を集計し、かなり手間がかかるが、１枚１枚の回答用紙から数値を転記して、KKマップかオーオーマップを作成する。

9－4－1　回答時の成功の条件

①正直に答えてもらうことが肝要であるため、講師がその雰

囲気を作る。そのためには２時間構成のノンテクニカルスキル教育の中で、行動特性評価をする場合は、その前の１時間は意見交換を中心とした演習をして受講者にオープンな気持ちに高めていってもらう。人間はしゃべるとだんだん気持ちが開かれてくるものである。そうすることでより正直に答えてもらえるようになる。受講者には図９－15の回答用紙のみ配布する。

この行動特性評価は「はい」か「いいえ」の二択であるが「こうあるべきだ」とか「こう思われたい」と考えると、本来の自分の姿とずれた自己評価となる。そのような評価をしてもそれなりの自己評価になるが、常にゲタをはいた状態でいることになる。

②収録された音声あるいは講師による読み上げにしたがって答えてもらう。

紙面で渡すと文字情報なので考える余裕ができ、いつものWebでのES調査やコンプライアンス調査と同じように紙面特有の回答傾向になりやすい。収録された音声はKKマップ用もオーオーマップ用もCDに格納し、回答用紙や説明のPowerPointファイル一式が化学工学会安全部会から販売されている。「化学工学会安全部会」（http://www2.scej.org/anzen/）のサイトにあるご意見・お問い合わせをクリックしメールでお問合わせ下さい。

③行動特性評価で気づきが促進されると事故が抑制された実

例を説明し、この評価が意義あるものであると思われるように話す。実例が当該事業所の先行実例であればなお良い。初めて行動特性評価する場合は先行他社の実績を話す。例えば、前年の危険敢行性の評価後１年で危険敢行性起因の労災が半減したことなどを話すと、自分達の努力の結果であるので、「やればできる」という思いになってくる。良い結果が人を動かす。すべての結果は行動の集積である、と教える行動科学マネージメントでは、良い結果は良い行動・言動の積み重ねにより、悪い結果は悪い行動・言動の積み重ねによるものであると考える。ここで大事なのは、良い行動・言動が継続できるかに将来の良い結果がかかっている。継続するのが苦手な人もいるし、なかなかその方向に指導するのが難しい人もいるが、良い方向に向わせ、そして正のスパイラルに入るようにインストラクターは努力する。

9－4－2　教育時の自覚促進

①評価直後、自分がどの類型に属するか、その場で把握できる。

②その特性起因の事故を防止する方法を講師は複数件丁寧に話す。

③人間は程度の差こそあれ、その特性はその場で変動し、緊急時に不安定になることがあるので、左上の類型に属して

いる方も状況によっては意識がゆらぎ、右下の特性が発現してくるときがあることをインストラクターは説明する。

メンター（良き助言者）になる人はマップを見て「ここにいることを教えてくれてありがとう」という気持ちで接する。「こんなところにいたのか」とか「だからこの前の事故は」と言わない。思っていると顔に表れるときがあるのでそう思わない。

9-4-3　回答後のフォローアップ

①危険敢行性と危険感受行性であればKKマップが、思い込み性とおっちょこちょい性であればオーオーマップが、職場の控室あるいは計器室にA1判の大版で掲示されるので、自分がその部署全体のどの位置にいるのか認識できる。右下の人は自部署の13%が右下にいて、自分も属するとわかってどきっとしたと思う。

②KK実施要領書（危険敢行性評価要領書）を作成しておく。手間がかかるが、それぞれの部署の長、補佐、一部のスタッフが同席でその部署の運転員のKKの結果を示し、推進する部署である環境安全部あるいはCSR室の担当が力強く話す。これが大事である。このときに渡すのはA4判の個人名入りのKKマップとA1判の個人名抜きのKKマップである。

まとめて安全衛生委員会やRC委員会でその要領書を説

明せず、個別部署ごとにフェイスツーフェイスで話し、運転員への個別指導の重要性も話し、課員に抑制行動をとる気にさせる。

③危険敢行性を考慮した危険予知活動が自然発生的に実施してくる部署が現れれば、事業所全体の良好事例をトップランナー的に公式の会議で発表してもらうのも、いい見本となる。幸いAGC旭硝子千葉工場では開発部で危険敢行性を考慮した危険予知活動が最初に開始された。

④自己管理シートを作成し、運転員（受講者でもある）は行動特性に関する自分の目標をこのシートに記述し、半年後にメンターが本人に面談してその半年間の努力内容を聞く。メンターはコーチングの要領でそれほど話さず、運転員に話してもらい、適切なあいづちを打ちながら聞く。

⑤行動特性改善のための援助をメンターが運転員に差し上げることは運転員は受け入れるだろうが、その援助に従わせる言動をすると運転員は依存的になる。思い込みなどの行動抑制も自分で気づけばセルフコントロールが強化できるが、「従わせる」では運転員の自律性を弱める。

良い努力行動・言動は褒める。努力しない人がいたら、努力する方向に期待していると話し、強要や強い指導はよくない。自発的に実施する方向に持っていき、本人にその気にならせることが大事である。

第4章意思決定で述べた定型作業の多い職場ではコミュ

ニケーションの単純化や現状肯定感が強いので、個人レベルで変革に取り組むのに有効だろう。個人レベルでの変革がそのうち職場に広がることを期待したい。そうなるように影響力の大きい人と面談するのが良い。

⑥行動特性評価１年後（上記の面談から半年後）に同じようなことを運転員に聞く。問題のない人には面談不要の理由を伝え、面談記録に面談不要などと記入する。この面談によるフォローアップの記録は教育の振り返りシートに抱き合わせで作成し、振り返りシートの裏面が面談記録になるようにし、その記録は半年ごとに環境安全部に提出してもらう。

9－4－4　良い行動・言動へのサイクル

人がある行動・言動を繰り返す理由には三つある。

①先行条件、

②行動、

③結果である。

先行条件とは、行動や言動のきっかけとなる環境条件のことで、「自部署では他の部署に比べてトラブルが多いので少なくしたいと思っているときに、部署長から班長として雰囲気を変えてください」と依頼されたとか、「自分は衝動的な特性があるので、この前のノンテクニカルスキル教育で話があったように、必ず行動や言動の前に一呼吸おこうをやってみようかな」と思ったりすることである。この条件がないと行動特性の改善は進まない。自発的に先行条件を設定できない人もいるので、メンターが面談中に話し合う。結果として、ゆるやかに指示したことになるが、うまく決意（あるいは目標）を引き出す。この場合も指示なので先行条件になりうる。この先行条件によって「積極的に部下に話しかけよう」や「一呼吸おく」という行動に移れる。そして、良い結果が得られれば、その行動・言動を繰り返す。その結果が次の行動・言動のより強い先行条件を形成していく。

しかし、先行条件が整って行動・言動を起こしても、悪い結果が出るとモチベーションが下がりその行動・言動をやめてしまうので、メンターや部署長は継続の意義を説かねばならない。本人が良い行動・言動をやり続けていてまだ良い結果が出る前に、メンターや部署長はそれを褒めること（その行動・言動をした本人を認める）が大事である。褒めるのは早い方が良い。達成感を得られるように悪い結果が来ても、その行動・言動をやめることが避けやすくなる。悪い行動・言動を部下がしても、その部下を責めるようなことはしない。良い行動や言動を多くする方向に持っていく。良い行動や言動が増えると自然に悪い行動や言動が減っていく。良い行動や言動を同じ志の人がいても、その人がやめると集団的にやめるし、新規に良い行動・言動を起こそうとする人の意気が損なわれる。

したがって、トラブルの多い部署は水平状態を保つところまで来て挫折するなど、余程頑張らないとそこから抜け出せない。良い結果がすぐに現れない不確かな状態だと継続しにくい。人が積極的に良い行動・言動を継続できるのはすぐに確かな結果が出るときなので、１年後をゴール設定するのでなく、この１カ月を無トラブルでいくなどの小さいゴールから設定すれば、その度に満足して先行条件が強化され、継続できる。「先月もトラブルなしだった。この調子だ」とか「この３回連続うまくいっている」など。このような良いフィードバックを行う。悪い行動・言動に接したときもすぐに注意する。そして、どのように良くなかったかを話す。わからないときはメンター か部署長が、こうやれば良かったと見本を示すのが良い。その部署にあった「やればできる先行条件」を部署長は考える必要がある。行動・言動の関係循環図を**図９－13**に示す。多くの構成員で成り立つ部署では一

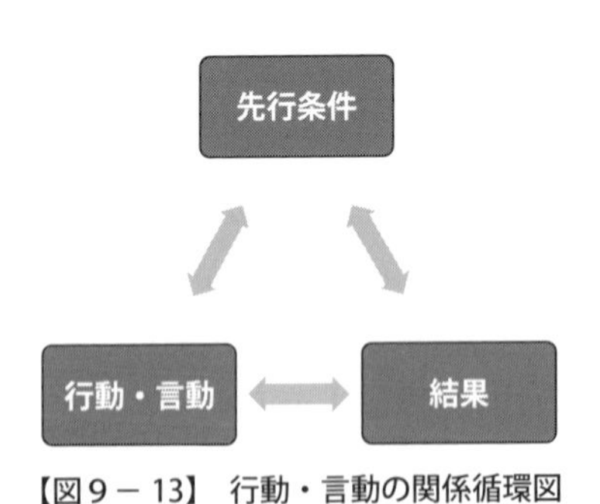

【図９－13】　行動・言動の関係循環図

人ひとりの良い行動・言動への動機が違う場合がある。聞き出せるしくみになっているから、その動機や決意を知る上でも前述の自己管理シートは役立つ。

前回漏れが発生しているフランジを本能的に増し締めしてガスケットを押しつぶし、さらにひどい漏れを招き運転停止にさせた運転員と面談する場合は、彼の危険敢行性や安全力の6要素の評価を事前に見ておき、どのような気持ちになっているか予想して面談に臨めば良い動機づけができる。2回目のチャレンジになる高圧ガス丙種化学の法令の試験が2日後に迫る運転員に「明日は最後の確認だ。きょうは定時で帰っていいよ」の一言で、「部署長は私が受験することを覚えていてくれ、よく見てくれていた」と信頼関係が築かれる。彼は次の日の土曜日も終日頑張って勉強して試験では実力が

【図9－14】 オーオーマップの配布

発揮できるだろう。その前に彼は強い決意を示してくれるかもしれない。そのことを知っていてメンターが面談をすればより良い方向に向かうであろう。

図９－14は、2015年７月、オーオーマップを配布している様子である。手前が環境安全部に属する筆者で、その部門の部門長および部署長４名にその部署の構成員全員の思い込み・おっちょこちょいの度合を個人名付きで示している。テーブルの上にはA2判のオーオーマップが４枚と教育後に一緒に実施した理解度試験の結果と不合格者の氏名リストも発表して渡している。筆者（一番手前）の前にある折れ線グラフは年代別不合格者割合で、年齢が上がるにつれて不合格割合が直線的に高くなることを集まっている人に示している。その事実を知った人はこのような結果なのかと驚いたが、なぜ直線関係になるのかを解釈したら納得した。このとき、部門長は四人のグループリーダーに「２年前の危険敢行性のときと同じようにこのオーオーマップを活用して事故を減らそう。」と号令をかけた。このような説明会に、部門長が部署長と一緒に来て、今後の展開に関与する部署は事故が少ない。

9－5　自己管理シートの導入とメンタリング例

本章９－４－３で述べた自己管理シートは運転員とメンターとの良い面談ツールであり、上手な面談をすることで運転員の行動・言動の変容に貢献できる。このようなISO的な管理書類を作ると、ISOのPDCAを長くやっている習慣の影響で、その気になってもらうメンタルな活動なのに、決意を書いたり、総合自己評価の該当レベルに○をつけたりする作業を事務的にやられはしないかと当初心配した。この書籍の執筆中に各部署から第1回目の面談が実施され、その記録が環境安全部に返却されてきた。運転員が行動特性に関して半年間の振り返りや決意を書くという作業は、行動・言動の改善に正の強化をもたらすと思えてくる多くの記録に接し、今後3年に及ぶ成果に期待できると思った。記録の提出は半年ごとを2回（2017年初頭と7月）なので、1年で終えるが、次年度以降は記録はとらなくても初心を忘れずその活動を継続してもらいたいと思う。

まだ自動化が進んでいないかなり以前は、人員に余裕があり、メンターを指名しなくても、年長者が職場でこのような指導をしていた。省力化投資などで少ない人数で守備範囲も広くなり、やることも多くなり、世代も変わり、教育にかける時間が少なくなった。そしてこのことが寄り添う教育から離れていったのかもしれない。

図9－15に実際に使用された自己管理シートを示す。面談記録は手間がかかるので、メンターは改善の余地の大きい人（問題のある人とは言わない）と思う人のみ作成すれば良いと言っている。すなわち、割合としてはその部署の約

自己管理シート（面接記録付き）

この振り返りシートを本人に渡す時にこの裏面のことについて話し合い　個人目標を記入依頼する。
その約半年後の面談で実施度合を話してもらい、上長コメントを上長が記入する。

個人目標
・適切な保護具を必ず着装する
・必ず指差呼称を実施し最低2回は確認をする

半年後の面談記録

面談実施日 ：	~~2016~~ 2017年 1月 13日

思い込み防止の4つの方法を実践していますか？　1年前にやると決めた項目にのみ回答して下さい。

必ず実行している時は◎
時々実行している時は○
あまりできていない時は△
できていない時は×

○	・一呼吸おく
◎	・指差呼称（形だけにさせない）
○	・他者へのその都度報告
○	・自己クロスチェック

思い込み・おっちょこちょいの抑制について日頃実施している安全活動などこの半年間のご自分の
「事故を抑制する安全活動」を総合的に振り返って、右のどれかにチェックを入れて下さい。

なぜそうなったか（そうしたか）本人が書くその理由と今後の決意や意見
・作業しながら指差呼称、作業後に指差呼称は必ずしてる。
今後も継続してやっていきたい。
簡単な作業だと他者への連絡をしていないときもある…

	よくできた
✓	だいたいできた
	まあできた
	あまりできなかった
	できなかった

メンターの指導・会話内容	部署長のコメント　　面談記録はまとめて環境安全部に提出
1/13（金） 指差呼称を通じ災害防止を実現できた事はすばらしい。今後もKYと指差呼称を実践し災害防止に繋げて下さい	リスクアセスの質の向上に努めて下さい。 過去の災害事例を読み返してみる事を始めて下さい。

【図９－15】　実際に使用された自己管理シート

10％くらいで、日頃からメンターが見ていれば誰が記録対象かがわかる。また、２年前の理解度試験に合格点に達しなかった人は考えに柔軟性が少し衰えている傾向があり、職長であっても記録を作成すると良い。

このケースでは運転員の総合自己評価は「だいたいできた」で、指差呼称が◎の「たいへんできた」としている。自己評価欄には「人は思い込み、勘違いする生き物であることを十分理解し、そうならないための行動が必要。自分自身に問い、間違いをなくしていくようにする」と運転員が記入した。

強い決意を自己表明し、思い込みを防止する四つの方法を日頃から実践しているのがわかる。

以下の記述は①メンターによる良い助言、②あまり良くない対応の想定である。

①このようなケースでの良い助言（良いメンターの対応方法）は、「全体的に事故防止に努めているのがよくわかる。この前も制御室で大きな声で指差呼称をやっていましたね」と相手の良い行動を見ていたことを知らせ、「若い人の模範となっていると思う」と具体的に褒める。そして、メンターの指導の言葉として、「難しい自己クロスチェックが時々でも実行できているが、どのようにしているか？いつもできるようになるにはどうすればいいのか？」と尋ねてみる。

「自己の振り返りや部下への質問を多くしている」と答えたら、深く肯定的にうなずき「そのまま継続してください。」と意欲付けする。

また、「総合自己評価は“だいたいできた”と自己評価しているが、“よくできた”に変えるには何を計画していますか？」と尋ねると、それに対して「３番目の他者へのその都度報告は自分はできているが、部下にはまだできていないのがいるので指導しようかと思う」と言うかもしれない。「そうやってもらえるとありがたい」と答える。

現在は問題があってできていなくても、１年後の未来にできている状態になった想定でそこに行きつくのに何をしたかと問うやり方は、未来語りのダイアローグ（Anticipation Dialogues）といってフィンランドの社会科学者アーンキルが編み出した家族の問題解決でのファシリテーターを入れた対話による手法で効果を収めている。なぜうまくいくのかが引用文献に記述されている。

近い未来から現在を考える。現在解決できていない問題が解決されると仮定した明るい未来を起点にミーティングが始まる。「１年後、家族がうまくいっています。あなたが特にうれしいと思うことは何ですか？」。そして、次の質問が「うまくいったのはあなたが何をしたからでしょうか？」、「誰がどんなサポーターをしたでしょうか？」と続き、現在の問題解決へのアプローチができていくとい手法である[5)]**。**

その手法の「１対１」版の簡易省略版が、①メンターによる良い助言での１例で、このようなメンターによるこの自己管理シートを活用しての運転員の行動特性改善に結び付けられたら良いと思う。

②あまり良くないメンターの対応方法

「１年前にやると決めた項目のみに回答することになっているが、そのときに３番目はなかったけど」など不整合を問いただすと相手は指摘されたととる。自分としては思い込み防止をやっているので、張り切って面談に来て、いい話し合いになると思ったのにと暗い気持ちになりかねない。

○が多くついていて、指差呼称が◎なのだから、ポジティブフィードバック的に面談を進めるようにしなければいけない。

9−6 まとめ

ノンテクニカルスキルを行使する場面で、状況認識においてもコミュニケーション、意思決定においてもそれに関与する人々の性格や行動特性が関わってくるが、自己評価で自分を知っていることが一方的な自己主張や攻撃的な面が表に出てこないようにするものである。なぜ一言アドバイスができたのか？自分がなぜこのような状況認識をしたのか？なぜ意思決定で失敗したのか？一日１回仕事を終えて帰るときに、振り返りを続けていれば他人の行動や意思決定も同じように感じ取れるようになる。

そして、他人の自己の気づき促進の支援ができる。他人が自分の行動特性を変えようとするときは、自分について気づいて前向きに変えることができたときである。メンターとしての支援が１回うまくいくと正のスパイラルに入る。１回目の行動特評価を必ず成功させる意気込みで臨むこと。運転員間でそのことが情報共有され、輪が広がることを期待したい。そして、ノンテクニカルスキル要因と組織的要因が起因となる事故が減っていく。

参考文献：

1）㈱電脳，販売・つくし工房「安全力　実施の手引きと解説」(2010)
2）荒井保和著，田村昌三監修，「プラント安全構築マニュアル」，化学工業日報社(2014)
3）海保博之，心理学研究法，放送大学教育振興会(2011)
4）吉田拓郎，人生を語らず(1974)
5）ヤーコ・セイックラ／トム・エーリク・アーンキル，高木俊介ら訳，「オープンダイアローグ」日本評論社(2016)

第10章 現場で醸成できるノンテクニカルスキル

10－1　ノンテクニカルスキルの良き助言者

人は簡単には変わらない。部下に性格や態度を変えてもらうことは難しい。指導して改善してもらうには態度でなく、それがベースとなった行動や言動だけを評価して指導するのが良い。行動特性を変えてもらうには、指導者は良き助言者であり、教育者になるべきである。

ノンテクニカルスキルの各カテゴリーの要素でうまくできない人はできる才能がないからでなく、身につけ方・そのときの処し方を知らないのである。メンターは寄り添うように指導する必要があるため、その人の行動や言動をモニターしておく。部下を育てる時間をとればとるほど、その上司自身の仕事が楽になる。前川孝雄氏の著書[1)]には人材育成の日本の現状が記述されている。成果主義で生産量や原単位の数字を追いがちな上司には、部下の行動特性を把握して是正まで持っていく気の長い（５年はかかるだろう）指導には時間がかけられないのかもしれない。

また、自分の在任中に成果は出ず転勤となったとき、後任社員がその指導を継続すれば良い成果が実を結ぶだろう。しかし、後任に個別のその後の指導を継続してほしいと協力要請の申し送りをするだろうか？それは後任の考えに任せる人が多いのではないかと思う。

良い背中を見せて指導する優秀な指導者がいないと無言の嘆きの声が聞こえる。そのような指導がなされてこなかった歴史がその部署にあると思われる。

スタンフォード大学のビジネススクールとユタ大学が共同で米国で働く上司の価値の調査をした。その調査によると、部下の生産性を引き上げる良い上司の特徴は、部下に仕事のやり方や様々なスキルを教える能力が高いことだという結果が出た。部下のやる気を引き出したり、チームを管理する能力でなかった。技術的なことやノンテクニカルスキルを教え、商談でのプレゼンテーションのコツなどを教える能力が高い人が部下からは価値のある上司と思われるということであった。

例えば、この前のシャットダウン時の圧力上昇でベントスタックにガスを異例にも放出した失敗後に、上司が担当者に「前段の蒸留塔で圧力上昇があり、今までは発生しなかったが、周辺機器の監視もしていると防げた。そして、判断のために入手すべき情報として過去の事故履歴を頭の中に入れておけば間違うことはなかった。」と言ってそのときの記録を見せれば良い教育になる。そういうことは発生しないという思い込みが監視の目を曇らせるという状況認識スキルについて教えられる。あるいは「10年前にも同じ失敗を先輩もしていた。」と話すのも良い。営業の人であれば、技術的なプレゼンテーションでお客様の質問に対する答え方に工夫がいる場合「あのときはお客様の質問にはこう答えると安心されると思うよ」と、後で見本の答えを披露する。

こういう望ましい伝承を継続するには第３章コミュニケーションで述べたように、日頃からの上司・部下・同僚の良い関係が基礎となる。良い関係作りを目指している姿勢が大事である。その反対にそうでない部署は「そのくらいのことは自分で気がつかないといけないよな」とか「もう３年経つのだから事故記録なんか読んでいて当たり前だろう」と突き放している場合がある。

10−2　OJTで行動特性指導

部下の性格や行動特性が起因で発生してくる問題もその行動や言動に注目して指導する。その原因の性格や行動特性は本人が自覚していても改善には時間がかかるし、改善の一歩の背中を押してあげる必要がある人もいる。背中を押したメンターはその後のフォローアップを続ける任務がある。性格は30歳までなら変えることはできるが、それ以降は性格起因のトラブルが発現しないように、抑制のための行動や言動をとるように努力してもらうのが肝心である。

第９章９－１安全力評価で述べられた安全力の中の性格的側面から判定する特性である、①情緒不安定性、②衝動性、③自己中心性の形成段階において、以前は思春期あたりで固定して変えられないと思われていたが、現在はそのようなことを司る大脳の発達は30歳まで続いていることがわかり、成長途上のうちの30歳まで（個人差はある）なら変えられると言われている。衝動性の高い人でも一呼吸置くことを３年実施し続ければ、習慣となり、じっくり構えて仕事ができる能力に変わる。自己中心性の高い評価を受けた人は他人との協調について意識し、自己中心性の高いまま年をとったらどうなるか考え、他人と協調するための望ましい具体的な行動・言動を毎日くりかえせば変わる。習慣は才能より強しである。

あまりよくわからない部下には具体的に指導することが必要である。ノンテクニカルスキルの教育は一律に言語化されたり、構造化されたものでないので、ノンテクニカルスキルの伝承は周りの人の行動・言動を見て、聞いて修得していくことが多い。

具体的には日々のツールボックスミーティングでいつもと違う作業環境に変わっているときに間違えないために、リーダーがプラントの情報の収集の仕方を深くしようと言い出して、いつもより長い時間かけるとか、ミスをした部下への対処時の適切な言動であったりする。毎日毎日のこういう場面が学習の場となり、ノンテクニカルスキルのOJTとなる。指導する経験者にとっても勉強になる。

10−3　若年層へのノンテクニカルスキル教育

若い人は特に自分で自ら状況認識やコミュニケーションの応用力を身につけていくにはまだ自律的でなくても、周りが育てようと多くの対処方法を教える方が、成長は早いし、応用が効く。若い人が自分で身につけるものだと思ってはいけない。第１章１－７非意図的ノンテクニカルスキル教育で述べたように、教える側はノンテクニカルスキルを教えているときに意図せずにノンテクニカルスキルの教育も実施していて、状況認識やコミュニケーションという言葉は出なくても、手順書の教育でそのプラントを運転するのに必要なノンテクニカルスキルの状況認識やコミュニケーション、意思決定などを教えている。自分で修得できる人もいるが割合は少なくなってきている。メンターや上司が教育に関与することが組織としての成長にもつながる。

未経験の出来事やトラブル対応作業でも対処後に皆で振り返りの場を持てば、その中にきっと振り返り内容の半分はノンテクニカルスキルの要素が占める。例えば「もう少し早く現場に知らせてくれれば良かった」、「似た名称なので、復唱を求めるのがミス防止につながるね」、「あの変更管理は軽く考えていたが、あのような所にも影響したんだ」、「Ａさんの指示に間違いもあることがわかった。念のために確認して大事に至らなかった」、「朝のミーティングで踏みとどまるポイントをＢさんが話されていたので、いつもだったらうっかりそのまま作業するところだった」など。

同じように意思決定力を向上させるのも多くはOJTとなる。この意思決定のスキルは書面で読んだり、講演を聞いて

その重要性が理解できても、現場で実施してようやく脳の中にエピソードとして蓄積され、他の経験とクロスしながら次第に意思決定力が成長し熟成していく。

近年、高圧ガス設備やボイラー・第一種圧力容器の運転期間の延長でシャットダウンやスタートアップの経験が少なくなり、高度センサー技術や経年劣化対策も進み、トラブルの頻度も少なくなったので、緊急時の意思決定力が低下しておりその強化が求められる。

平時の意思決定力とは違い、緊急時は限られた時間でよりましな選択をする必要があるので、いかに平時の思考回路から緊急時用のギアに変えられるかにかかっている。まだまだ道のりは長い。

筆者の一番怖かった経験は、1995年11月、液化塩酸のタンク（塩酸蒸留塔の還流液タンク）がシャットダウンメンテナンス作業に入って８日目の早い時期に温度が上昇してきて、10時では上昇速度は小さかったが、12時に急激となり、設計圧力に迫り除害塔に塩酸ガスを放出し、除害塔の中和液が間に合わなくなったが、放出し続けた。タンクの破損という最悪の事態を避けるため、タンクの中が空になるまで放出したことである。シャットダウンメンテナンスに入るときの停止作業でこの蒸留塔のボトム成分が少しトップ側に炊き上がるのでその有機成分とタンク内面の鉄錆が触媒となり、塩酸が発熱反応を起こしたことが分析結果でわかった。放出弁はタンク上部にあり、操作者の身の危険もあり、怖かった。緊急時で時間制約がある場面での集団でのスムーズな意思決定であった。

10-4　OJTでコミュニケーション力向上

１日に何度もノンテクニカルスキル教育の機会が訪れるので、それはテクニカルスキルを教えているときに同時にノンテクニカルスキルの要素も教えるように意識する。ノンテクニカルスキルの何というカテゴリーで要素は何ですかという定義枠での分類は不要で、作業後の振り返りで「もう少し早く現場に知らせてくれれば良かった」という意見が出れば、それはコミュニケーションのカテゴリーで迅速な情報伝達という要素を話していることになる。別の意見として「似た名称なので、復唱を求めるのがミス防止につながるね」が出れば、コミュニケーションのカテゴリーの復唱に当たる。「あの変更管理は軽く考えていたが、あのような所にも影響したんだ」は状況認識カテゴリーの情報判断に当たる。どの定義に入るかなどは考えなくてもノンテクニカルスキル教育はできる。体系化、構造化していて、答えが限られているテクニカルスキル教育と違うところである。

コミュニケーション能力では伝える技術も身につけてほしい。復唱させるということは、伝えたと思うことを相手の言葉で復唱してもらうことで、ズレコミュニケーションを防ぐことができる。20歳以上年齢が離れた部下には上司の言葉の常識と違う場合があるし、もっと違うのは世代の違いによる言葉の意味の違いがあるので、復唱は上司側からも伝えているつもりのことが、そのとおり伝わっているか確認できるメリットがある。

第11章演習の作成方法で述べるが、AGC旭硝子のノンテクニカルスキル教育の講義時間2時間の半分は意見交換を中心とした演習を実施している。普段よく遭遇する事象についてクロスロード演習（AGC旭硝子では分かれ道演習と呼ぶ）やおはじき演習（逆FTA演習）、わいがや演習（遂時合流演習のAGC旭硝子へのカスタマイズ版）の実施後、受講者からこのような感想をもらった。

- 「同じ職場なのにあの場面で判断が分かれた」
- 「同じ行動をとるのにその理由が若い人と違った」
- 「似たような経験をした人がいて、自身の経験を語ってくれたのが良かった」

同じ作業を実施する場合でも、職場では違う理由で実施することがあるということが演習でわかり、受講者にとっていい気づきとなっている。いつもの言葉で作業指示したときに「解釈の違いが起こるかもしれない」という用心深い前提で、

臨めば先に述べた復唱や別の言葉で言い換えることの必要性を認識できてくる。演習を作成する場合、インストラクターはこの学びを視野に入れて設問を作るようにする。

10－5　他業界のノンテクニカルスキル教育

ノンテクニカルスキル教育を、海運業界ではBRM（艦橋のBridgeからBridge Resources Managementの頭文字を取った）、航空業界ではCRM（Crew Resources Management）、医療業界の外科分野ではNOTSS（Non-technical Skill for Surgery）と呼ばれている。

第３章コミュニケーションで述べたように、1999年１月、横浜市立大学医学部附属病院で発生した、肺手術と心臓手術の患者を取り違えて手術をした医療事故が契機となり、医療法が改正され、ノンテクニカルスキル教育が義務化された。

海運業界ではノンテクニカルスキル教育が国際条約で義務化されており、産業界の参考にしようと筆者は一度、その教育現場を見学させてもらえる機会があった。

狭いシンガポール海峡を中東に向かうタンカーを船長、一等航海士、二等航海士、通信士ら４名がシュミレーターに現れてくるリアルに見える大型画面を見ながら、１時間かけて航行する演習である。この海峡は世界の輸送船舶の３分の１が航行しているため海図を見ながら、直交する船舶と通信し、小舟を避け四人は危険情報を共有しながら航海していた。同じ人数のベテラン教官がおり、その様子をつぶさに観察していた。航海は動画として記録され、モニター室でも見ることができた。教官も見学者もガラス越しに研修者の会話や動きが見える。「気象状態も悪く、いきなりパニックになった」二等航海士には、「自分が得た他船の航行情報をもっと積極的にメンバーに知らせるべきだった」など実践的な指導が可能であった。知っているけどできなかったことが実践航行で発現しないように指導されていた。

講師からは「他船の交錯状況に応じてチームのワークロードを変える。これがチームの活性化につながる」と指導があった。このような研修でお互いの状況認識をカバーしたり、コミュニケーションをとって確認することを、訓練しておかないと実際の場面ではなおさら実現が難しいと思った。

演習後のデブリーフィングでの教官からの指導が的確で、研修者は大きくうなずいていた。指導は問題場面を動画で再生して、その場面を振り返ることができた。産業界と違う点は海運業界や航空業界はコミュニケーションを間違えれば、あるいは状況認識を間違えれば乗客はもとより、自分自身が死ぬかもしれないのである。船舶衝突では環境汚染や乗客の溺死が想定されるし、旅客機は墜落する。ミスが生死に直結しやすいので演習やその後の指導にも真剣さを感じた。演習におけるシミュレーション画面だけでなく、カメラによるメンバーの動き、マイクによる各自の言葉などをすべて記録しており、それらを用いて、詳細な振り返りを行うことができていた。産業界は石油・石油化学・化学など分野によって、テクニカルスキルやノンテクニカルスキルを発揮できる状況が違うので、海運業界のように共通設定でのシュミレーターを作るのは難しいと感じた。

しかしながら、10−4 OJTでコミュニケーション力向上で述べたように、業務中に何度もノンテクニカルスキル教育の機会が訪れる。この機会をとらえて手間がかかるが、テクニカルスキルを教えるのと同時にその場面で必要なノンテクニカルスキルの要素も教えるように意識して実施するのが、望ましい姿だろう。特別な研修室で集合教育的に教えるより日々の作業に直結しており、成果は大きいと期待する。

ただし、教える側にノンテクニカルスキルのばらつきがあるし、部署ごとに組織文化の影響を受けているので、（現在は事故原因として組織文化起因が多くなってきた）部署の業務の中でノンテクニカルスキルを教育していくと、教えられなかった重要な要素がずっと抜ける可能性がある。これを避けるため、よく訓練された少数のインストラクターがノンテクニカルスキル教育を担当する時期が今後も続くだろう。

参考文献：

1）　前川孝雄，上司の９割は部下の成長に無関心，PHPビジネス新書（2015）

第11章 演習の作成方法

11-1　クロスロード演習とは

クロスロード演習は、1995年に発生した阪神・淡路大震災のときに災害対応にあたった職員の実際の支援活動時のジレンマをもとに吉川肇子氏（慶應義塾大学商学部准教授）、矢守克也氏（京都大学防災研究所教授）および網代剛氏（ゲームデザイナー）が、文部科学省の大都市大震災軽減化特別プロジェクトの活動の中で開発されたものである。YesとNoのカードを用いた演習形式による教育教材で、どうしようかと悩むジレンマを二者択一の問題に入れ込み、自分で考え、グループ討議を通じてお互いの理解を深めるねらいがある。

AGC旭硝子では、クロスロード演習を分かれ道演習と呼んでいる。外来語のカタカナ言葉は受講者に受容感が少ないので、この呼び方とした。AGC旭硝子のクロスロード演習は、オリジナルのやり方を化学プラントの運転員用に短い時間で主題を多く意見交換できるようにノンテクニカルスキル教育向けにカスタマイズ変形させてある。

11-1-1　クロスロード演習のやり方

グループは、1グループ五、六人程度で構成する。リーダーは年長者が演習を進行させたり、グループをまとめたりするのに良いと思ったが、それがうまくできない社員もいるので、まず最初にグループリーダー（ファシリテーター）をグループ員同士が話し合って決める。

くれぐれもじゃんけんなどで決めないようにする。化学工学会安全部会主催のノンテクニカルスキル講座の地方開催時に、グループリーダーがなかなか決められず、じゃんけんした結果、一番若い学生に当たってしまっていた。社会人に囲まれて、YesとNoに分かれた決断の元になった意見をうまく振り、盛り上げていくのは難しい。構成メンバーの顔を見て、リーダーは自分がやるのだろう、または適任かと思ったら「私がやりましょう」と立候補してほしい。

災害対応・トラブル対応を自らの問題として考え、また、様々な意見や価値観を参加者同士で共有することにも意義があることを演習のやり方、説明の中で述べておく。

問題が示されたら、全員が過去の自分ならその状況でどうするかを考え、（どうすべきかの観点では答えない）30秒くらいの少し時間が経過してからリーダーの合図で自分の考えをYesかNoの札を置いて表明する。リーダーはYesとNoの分布を見て偏らないように札を置く。すなわち、全員がYesであれば、自分の考えがYesであってもNoの札を置く。その次にリーダーが司会をし、多数派と少数派がなぜその答えにしたか、理由や意見を活発に述べてもらうようにする。司会の先導でなくても、参加者から参加者への積極的な意見発信などともに、参加者同士が意見交換を行いながら、演習を進める。演習中にはそのトラブルの類似災害の経験談が語られることもある。そのようなことがあったのか知らなかった同僚には良い知恵の伝承にも値する。

意見交換の時間は1設問当たり3、4分くらいにしている。集合教育の形態をとっているので、上記のようにその問題に関連する過去トラブルの話がなされたりして意見交換が盛り上がっているグループがある一方、極端に早く静かになるグループがある。盛り上がっているグループはリーダーの誘導も良いがメンバーの協力も見受けられる。早く静かになるグループは意見交換でなく多数派と少数派の意見が順に述べられていくが、後続の発言者が同じ理由だと「前の人と同じ」と簡単に話すだけで、深いところや周辺領域に広がる拡張発言が出てこず、リーダーもそれに同調して早目に終えようとする。インストラクターはそれを見て、ほぼリーダーと同じ役目をして見本を見せ、このグループを活性化する。このままあと40分もの長い時間を閉塞的な意見交換にならないように指導する。インストラクターとして全体進行の任務が大きいので、極端に意見交換が弱いグループは会場の教育スタッフに指導を依頼する。

演習前の分かれ道演習の趣旨説明をしてあっても、このような演習をすることに慣れていないこともあるが、途中の意見交換より結論だけを指向している人もいるので、注意を要する。そういう人もいるので受容しながら進める。しかし、振り返りシートには「あのグループでリーダーをやりたくなかった」という意見もあった。

災害対応・トラブル対応においては、必ずしも正解があるとは限らず、また、過去の事例対応が常に正解であるとも限らない。演習を通じ、「それぞれの場面で、誰もが誠実に考え対応すること、また、そのためには災害が起こる前から考えておくことが重要である」ということに気づくことが大事である。

また、そのように意識が変わるように持っていく。意見交換後は机間巡視によってわかったYesの代表的な考えやNoにした危険そうな意見を出した人の所にマイクを持っていき、皆の前で発表してもらう。全グループの代表的意見のこともあれば「若い運転員なのに感心な考えを持っている」と思われる発表もある。少数派の意見も意図的に発表してもらう。問題によっては、インストラクター側からこうしてほしいという「答え」もあるので、意見交換後は講師が模範回答を示し、その理由を説明後もデブリーフィング的に意見交換

【図 11−1】 楽しく分かれ道演習

を実施して理解を進めていく。特に答えが決まってる問題については、トラブル発生の前段階での思い込みが問いの中に明示されており、災害につながっていくことを自らの問題として考える演習である（図11−1参照）。

11−1−2　クロスロード演習の作成方法

意義：

- 自分の考えを表明することで討議メンバーとの約束になる。
- 討議メンバーの考えや意見を聞くことで、同職場でも自分と違う意見の持ち主がいることを認識する。
- 教育後、職場に戻ってこの演習を思い出し、周りの人達への指示を考慮できる。違うメンタルモデルがいると思うことができるから。

作り方：

再発したトラブルの原因やそのときの再発防止策の不徹底の反省から、工場として、環境安全部（あるいはCSR室など）として伝えたいメッセージを最後に講師が話するように設問を作成する。設問においては実話をアレンジしてYesかNoか、迷いが生じる実話と違う架空の想定条件を盛り込むとYesかNoの人数が拮抗して意見交換が活発になりやすい。

細かい想定説明を望む人がいるが、細かくなると条件の束縛が意見交換の幅を狭める可能性がある。下記の区画ごとの排水マスの仕切り弁の設問では、細かい想定は意見交換の中で「どのくらいの漏えい量か？」や「あと何分でダイクは一杯になるのか？」など、各自想定すれば良い。

設問への回答ではあまり単純な設問が当たり前すぎて「簡単すぎる。答えがすぐわかる」と言う総合職がいるが、難しい設問は専門化あるいは特殊化して、大多数からなじみのない設問になりやすい。基本的な態度、基本的な操作が身についていなかったので、簡単だが基本的な内容で設問をして意見交換をしている。「あなたの部署の昨年のあの挟まれ事故は何度も同種の挟まれ事故を水平展開されてきたが発生した」と指摘する。

設問はより実践的な設問を作成する。あまり受講者の職場からかけ離れた設問は良くないが、上位概念化して辿り着いた設問は意図が明確であれば良いだろう。たとえば実際の設問はこのように作成された。

［第１問の場合］

消防法で規定されている取り扱い区画ごとの排水マスの仕切り弁は常時閉めておかねばならないというきまりがある。これが守られなかったプロセス事故の数件の共通原因を抽出し、行動特性の危険敢行性や安全力の遵守規律性が足りなかったことが判明すれば、その数件のうち１件を題材にする。

pHをチェックしてからダイクの排出弁を開けることになっていたが、pHを測定せずに雨水と思い込み排出弁を開けて、その下流のpHセンサーでpH異常が発覚し、その系統の雨水排水溝から排水路に流れないように遮断して水中ポンプで回収したことがあった。

しかし、大雨が降った後、その区画にたまった雨水を排出するのに仕切り弁を開けても排出まで長く時間がかかるときがある。

往々にして開けたまま他の作業をしたり、後番への申し送りの時間になり、少しくらいの間開けておいてもいいだろうと放置し、その間にその区画内でポンプや配管のフランジなどから毒劇物あるいは危険物の漏えいがあると排出弁を経由してその区画外に流れ去る。

長い排水路のある事業所ではそれぞれの雨水経路や最終マスにpHなどのセンサーを設置しているので、公共水域まで流れ去ることはないが、そのようなリスクをわかっていて排出弁を開けたままにしておくことはいつか大きな漏えいときに大きな公共水域汚染を招く。日頃からズルをしない態度・行動をしないようにしておくことが肝要である。

設問には、関連する複数の事故現場の写真をそれぞれ１枚づつ入れる。

意見交換の後、インストラクターが伝えたいメッセージはほとんどのダイク弁関連事故の人的原因は「それはわかっているがまあいいだろう」あるいは「その行動がこのような大きなトラブルを招くとは思わなかった」と安易に考えたことであった。

ノンテクニカルスキルのカテゴリーの意思決定の甘さ（第４章で述べた相反する感情かもしれない）や行動特性の要素の一つ「危険敢行性」が原因となったことを話す。pHを測定することは作業手順書で決まっているが守れなかったので、安全力の遵守規律性が足りなかったことを話して、平易な言葉で日頃からズルをしない態度・行動をしないようにしておくことが肝要であると述べる。スタッフや管理者の受講者には運転員がそのような行動を抑制できるよう雰囲気作りをしておくことが事故を未然に防ぐ最良の道であると述べる。

11−2　おはじき演習とは

「おはじき」演習は、AGC旭硝子版のクロスロード演習を応用した、おはじきを使い、意見交換を通じた演習形式による思い込み・おっちょこちょいによるトラブルを防止する教育教材である。FTA（Fault Tree Analysis）法をヒントにトラブルに至るまでの判断の分岐で問いが与えられ、それぞれの問いに自ら考え、グループとして多数派・少数派の回答に沿って意見交換作業をリーダーを中心に進める。

自分の考えを示すとともに、参加者同士が意見交換を行いながら、演習を進める。意見交換後は講師が模範回答を示し、その理由を説明後もデブリーフィング的に意見交換を実施して理解を進めていく。トラブル発生の前段階での思い込みが問いの中に明示されており、災害につながっていくことを自らの問題として考える演習である。

また、様々な意見や価値観を参加者同士共有することにも貢献する。個人としての思い込みに加え、組織としての思い込みは頑固である。演習を通じ、それぞれの場面で、思い込みの呪縛に陥っていないか用心する考えを身につけるきっかけにする。また、そのためには「災害が起こる前から考えておくことが重要である」ということに気づいてもらおうと意図した。

グループ構成は､1グループ五､六人程度で意見交換のファシリテーターとしてのリーダーが指名される。

構成：

一つの課題には2問あり、順番にその状況でどうするかを考え、（どうすべきかの観点では答えない）リーダーの合図で一斉に回答欄に自分のおはじきを置き、そして回答者同士で意見交換をする。次の問いにおいても同様に回答し、意見交換した後、講師の回答を待つ。

リーダーが司会をし、1問ごとに多数派と少数派がなぜその答えにしたか理由や意見を活発に述べる。回答を変えても良い。

その後の講師による解説を通じて、思い込んだらどのような結果になるか理解してもらう。おはじき演習後の受講者の感想の一部には「机上での教育で理解したが、実際に現場でやれるかどうか不安である」というのがあった。本音であると思う。

11−2−1　おはじき演習の結果

- 振り返りシートの抜粋（今は羅列)、それぞれに考察などを加える。
- 机上では正しい判断ができるが実際が不安…フロロポリマー課など10名
- 災害が発生するときにいろいろな考えで勘違いが起こると

思った。

- その場での瞬間の判断ではもっと思い込みによる行動は多くなると思います。
- 思い込みは誰にでもあるのでこういう教育でリピーター教育をしていくのが大切だと思います。
- 思い込みが多いことがわかった。
- 作業時間がなく急いでいたときに手順書通りに行っていないことがある。
- ルールを守らないとどうなるかよく考え、作業のショートカットをせず基本を守ります。
- 自問自答の考えで常に他人のことを考えより良い作業がで

きたら良い。
- 他の職場の意見が聞けたので、いろいろな作業に対してKYを知ることができました。
- はっと思える「思い込み」に気づけるゲームがあると良い。
- 思い込みがトラブルの根幹にあり、取り除くことが難しいなど興味深かった。
- 演習の設問が本当に効果的な内容が疑問がありました。
- 他者へのその都度報告をしようと思います。
- 演習では自分と違う答えの方がいて、少し悩まされたが、その考えがわかった。
- 緊急時に冷静に判断できるかが重要と思います。
- 演習はもっと難しいのにしてほしい。
- お互いに何を考えているのか言うのが重要だと思います。
- 同じグループのベテランが演習で過去の経験談をはなしてくれたのが良かった。
- 実体験に基づいた活発な意見交換ができた。・・・多数
- 演習では両者の考えを議論することで新たな気づきがあった。

11−2−2　おはじき演習の考察

AGC旭硝子では、2011年から4年連続してクロスロード演習を実施してきたので、マンネリにならないようにクロスロード演習のやり方をベースに新しい手法を開発し、おはじ

きという昔の遊び道具を使って新鮮味を出した。受講者の気づきを得るには良い演習である。

特に受講直後の振り返りシートに記載された「思い込みがトラブルの根幹にあり、取り除くことが難しいなど興味深かった」という感想は、個人が持つ思い込みという特性は容易に変えることは難しいが、その行動特性が起因となる事故を抑制するのにつながることを理解してもらったと思える。「実体験に基づいた活発な意見交換ができた」や「同じグループのベテランが演習で過去の経験談を話してくれたのが良かった」という感想が多数記載されており、身近な題材ではあるが、その題材にまつわる自己体験の伝承にも貢献したと思える。グループ構成を部署別としなかったので、他部署の人の意見が聞けて良かったという感想もあった。また、「演習はもっと難しいのにしてほしい」という感想には「このような基本的なことができなかったのであの事故が発生した」と答えた。

このおはじき演習を実施しての考察は次の通りである。3、4の原因がつながって、事故は起きていくストーリーをどの段階でもその原因が表面に現れてこなければ、事故抑制できることを受講者が理解できたと受講者が提出した振り返りシートでわかった。意見交換を中心とした演習は、横展開能力に不可欠な他者の視点の内化と広いフレーミングの力を養っているのかもしれない。

11-3　逐次合流演習とは

逐次合流演習は、クロスロード演習の変形版で六人のグループを二つに分けて意見交換し、合流して再び意見交換をする逐次合流タイプの演習である。グループが二つに分かれるので、三人班となり意見交換の相手の数が通常のクロスロード演習の半分となり、責任の分散が発生しにくくなり、一人当たりの発話量が増え、発話されているときは自分が聞いていないといけないという逆の状況も発生し、意見交換の当事者意識が深くなると予想した。

例を挙げると、1989年に資本主義陣営と共産主義陣営の冷戦が終結したが、その前段階でアメリカとソ連は核兵力・通常兵力削減の交渉をしていた。

ラウンドテーブルについている当時のアメリカ・レーガン大統領とソ連・ゴルバチョフ大統領は硬直した話し合いの中で、その日の午前はまだ合意に至らなかった。午後も世界全体の平和への大貢献の理念が横に置いておかれ、自国の利益を優先した視点で意見交換が進み、なかなか合意に達しなかった。しかし、小鳥がさえずる静かな森の中の小径を二人だけで肩を並べて散歩しながら、続きの議論をして兵器削減の合意について話し合ったら、合意した。ずっと会議室で話合っていても埒が明かないときに歩きながらの話し合いは心をオープンにしたのかもしれない。

このことにヒントを受けた逐次合流演習は、立ったままで意見交換し、グループの半数の３名は教育会場がある建屋の外に出て、歩きながら意見交換してもらった。歩きながらは話しにくいという人もいたが、多くの方々には外に出ての意見交換は良かったとの評価を受けた。

逐次合流演習は次のことを目標にしている。

「聞く・見る・読むだけでなく、 自分の考えを声に出す」

これが自ら考える力をつける。柔軟な思考が養え、臨機応変に対応する力を伸ばせる。

11−3−1　逐次合流演習の方法

逐次合流演習では難しい印象があるので、AGC旭硝子では「わいがや演習」と名付けた。

①グループの構成は６名

②机の前後の列で１グループを構成

③自己紹介をした後、グループのリーダー決定する

④方法

- 演習は全員立って行う
- １問目はグループの後ろ席の３名が、外に出て歩きながら意見交換を４分くらい行う。
- グループの前の席の３名は立ったまま、部屋で意見交換する。

・後ろ席の３名が外から戻ってきたら、全員で意見交換する。

＊２問目は逆になる。

そのあとリーダーは、グループとしてどんな意見が出たかをまとめる。

11－3－2　逐次合流演習の作成方法

作成方法の基本は分かれ道演習（クロスロード演習）と同じである。判断に迷うジレンマを少し多くなるような設定の問題を作った。受講者は製造部門、設備管理部門、協力会社の請負作業者、職能部門と多岐にわたるので、あまり特殊な

設定はせず、一度は経験したことがあるだろう、あるいは聞いたことがある身近な状況を想定した。

具体的には「言い出す勇気を出そう」がテーマであれば、責任の分散が意見交換できる設問をインストラクターが考える。例えば、人通りの多いショッピングモールでうずくまった初老の老人を見つけた場合の対応を意見交換し、自社の製品を運ぶ車載カメラが捉えた交通事故の映像を再生し、思い込みや意思決定について意見交換できる問題も作成した。

他には、出荷要請も強い製品を生産するプラントの運転が３日ぶりに再起動したが、小さな異常兆候が表れてきた。かつてこのような異常はそのまま運転したことがあるなどは参加者が想定する。このケースでプラントの運転について意見交換する。

設問は、該当の制御室で悩む運転員と制御パネルの写真をバックに「お客様から再三の出荷要望があり、やっとプラントを起用した後に、設備の異常（そのまま運転は継続できるくらい）を見つけた。このプラントは一度停止すると、起動するのに24時間かかる。あなたならどうするか？」というオープンな質問形式とした。

プラントタワーの最上部での作業工具の場合は、パトロール時蒸留塔の塔頂の還流ラインのフランジから液か少しにじみ漏れているのを発見した。32mmのメガネスパナを工具室に取りに行き、再び塔頂の階まで登り、フランジを締め付けようとしたが、この工具がボルトに合わなかった。あなたならどうするか？という設問も作成した。

11－3－3　逐次合流演習の結果

約50分間の演習時間には演習説明の５分を含めるので、１問10分のペースで進め、４問の問題を意見交換する時間配分となる。最後の３分間はその問題でインストラクターが発したいメッセージを伝える。

分かれ道演習ではYesかNoの選択でその理由をリーダーの進行で意見交換したが、逐次合流演習では思考が広がるようにオープン質問形式を取っているので、その分、分かれ道演習に比べると、より考えて意見を述べるようになっていた。また、オープン質問形式であり、かつ、シンプルな問題であるので、その問題に対応する行動・言動は同じでも理由が異なったり、各自条件を想定してどうするとの回答が増え、考える力を養うきっかけとなったと思う。11－３で述べた三つの目標の一つ「柔軟な思考が養え、臨機応変に対応する力を伸ばせる」についても、オープン質問形式と歩きながらの話し合いが活発な意見交換を生んだ。活発になれば、意思の表明にもつながるので、講師が発するメッセージが行動変容に結びつきやすい。３年続ければ、変わる受講者も増えるだろうと期待している。

この演習は、三人班での意見交換なので人数が通常のクロ

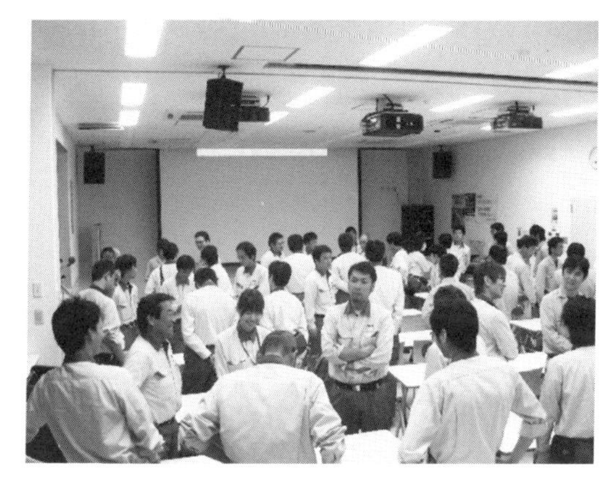

【図 11－2】 わいがや演習中の様子

スロード演習の半分となり、一人くらい発言しなくても大勢に影響を及ぼさないだろうと思えなくなるので、発話の責任の分散が発生しにくく、一人当たりの発話量が増えた。その結果、初参加の協力会社の150名近い人達の中には、普段これほど話すことがないので、いい教育だったとの感想が寄せられた。

図11－2にわいがや演習の様子を示す。６人一組を構成し、教育会場には９組54名が演習問題について合流後の意見交換をしている。背中を見せている３名が後列班で、会場の周りを約４、５分間意見交換をしながら会場に戻り、会場に残った３名も意見交換しながら、戻ってきた班と合流し意見交換を続けた。わいがや演習は初めての演習なので新鮮ということもあるが、立った状態での意見交換は座った状態よ

りも活発になったと思う。

11－4　自問自答力向上演習とは

思い込みを防ぐ方法については第２章２－５思い込みを防止するにはで述べたように、①一呼吸おく、②指差呼称、③他者へのその都度報告の方法も思い込み防止に有効であるが、究極の防止法は④自問自答力の向上である。①～③の方法は④を育てるきっかけ、あるいは土台を作る役割がある。

①～③の方法は行動・言動を起こす前の脳内での状況判断や意思決定に進むチェックがまだ表面的ですぐできる手法としてその行動・言動の習慣化を狙っていた。④自問自答力の向上を目指す演習の構築は難しいと思っていたが、2016年11月、株式会社ＭＯＭＯ代表の高橋澄子氏の助言で、2017年のAGC旭硝子千葉工場での教育のテーマを「しなやかさを養おう」と設定し、もう一人の自分（英語でalter egoと呼ぶ）がチェックできる演習を考案した。

もう一人の自分が「これでいいのか？」と客観的に自分を見つめ直す作業を自ら構築できる人は少ないので、問いかけられて答える状態を続ければ、問いかける人がいなくなっても、もう一人の自分が問いかける役ができ、答える状態となる。これで自己クロスチェックのきっかけができ、その後は意識してalter egoを出現させることで、自問自答力向上につながる。人は上司から質問されている状態が続くと、上司がいなくても自分で質問する自問自答できるようになる。

自問自答力は別の言葉で言うと断定、思い込みを抑制しようと自分に突っ込みを入れる「作業前の自分」への問いかけである。メタ認知力の向上と同じことを意味する。「私は長年この方法でやってきたが、これでいいのだろうか？」と根本的な疑問をたまには投げかけてみる。このような問いかけを意識的に実施続けると、いつか習慣となっていく。これを自己クロスチェックの習慣化ともいう。これが気づけて養える演習を目指した。

11－4－1　自問自答力向上演習のやり方

三人一組で実施する演習である。一人はあるテーマについてあらかじめ話すことを準備して話す。もう一人は話し手の話を聞き、うなづき、適切な質問をする。三人目はその二人の様子を観察し、終わった後、目指した方向通りか、どこが良かったか、どこを改善しなくてはいけないかをコメントする（**表11－1**参照）。

【表11－1】　三人の役割分担

	左	真ん中	右
第1問	観察	問いかけ	話す
第2問	問いかけ	話す	観察
第3問	話す	観察	問いかけ

話す話題は教育演習の３カ月前に６個の中から２個選び、それぞれにつき３分間話せるようにしておいてもらう。

聞き手は適度なうなづき、突っ込みを入れる、良いオープンな質問をして、話を盛り上げるように心がけることが大事である。自問自答力はもう一人の自分との盛り上げで成長する。もう一人の自分が会話を活性化しようとしないと本人も自答できない。

このような問いかけを意識的にし続けると、いつか習慣となり、自己クロスチェックの習慣化ができ、思い込みの呪縛から逃れられる。

不意の災害に見舞われた際の行動パターンには以下の３パターンがあると、イギリスの心理学者ジョン・リーチ博士はAviation, Space, and Environmental Medicine誌で発表した[1)]。

①落ち着いて行動できる人：10～15%

②我れを失って泣き叫ぶ人：15%以下

③ショック状態に陥り、呆然として何もできない状態になってしまう人：70～75%

なぜ、このような行動パターンを引き起こすのだろうか？それは人間には進化の過程で３種類の脳があるからである。

第一の爬虫類脳（生きるための生命維持を司る）で選択する場合は、二者択一で「敵か味方か」「戦うか逃げるか」「損か得か」のように判断する脳である。

第二は哺乳類脳（人間脳を通さず、反射的、瞬間的で、そのときのその人の心の状態を正直に反映）で代表的な反応が３Ｆと呼ばれる反応であり、人は危険に直面すると下記三つの反応のどれか一つを選択する。

- 固まる（フリーズ：Freeze）
- 逃げる（フライト：Flight）
- 戦う（ファイト：Fight）

それは次の優先順位となる（１：固まる⇒２：逃げる⇒３：戦う）。

第三は人間脳で本能の暴走を抑える理性的な考え、言語、意識、創造性、先を見通す力、人を思いやる力など、脳の最高中枢であり、人の脳が大きく発達しているのはこの部分である。

先の不意の災害に見舞われた場合の行動パターンのように、突発的に発生した事象に対して、脳がついていけず、第二の脳の本能が働き、フリーズしてしまい、適切な判断ができない状態となる人が大多数となる。第一の爬虫類脳や第二の哺乳類脳の判断が先に来ず、第三の人間脳の判断が出現して本能的な行動・言動を抑制するには、しなやかさを高める必要がある。

実際に第二の哺乳類脳の判断が先に来て、とっさの行動をしてしまって労働災害を発生させたことがある。ローリーの乗務員が客先のタンクに苛性ソーダを納品後、ローリーとタンク接続口を接続していたフレキシブルホースを外すときに残留苛性ソーダが噴出してきたので、とっさにフランジで押さえようとした。５秒待てばほぼ排出しつくすのに、本能的に「もれ→止める」の判断が働き、まだ噴出の勢いがある中で、フランジで狭められ、もれ速度が大きくなり薬傷した。

不測の事態（災害など）が発生した場合にも、パニックとなり本能のまま行動することなく、「もう一人の私」により自分自身をコントロールし、困難な状況を打開していけるように、トレーニングすることを自問自答力向上演習の目標とした。

しなやかさを高めると仕事以外の場面でも不測の事態に飲みこまれず､正しい状況認識ができ､声掛けなどコミュニケーションにも余裕が生まれ、冷静な意思決定ができ、人間が強くなれる。周りも幸せにできる。

- 事故を防ぐことができる
- ストレスに負けない
- 個人的な問題を解決しやすい
- 人生の満足度が上がる

参考文献：

1）　ジョン・リーチ，Aviation,Space,and Enviromental Medicine誌

第12章

インストラクターの要件

12－1　ノンテクニカルスキル教育のインストラクターの要件

ノンテクニカルスキル教育を始めるにあたって非常に大事なことは、誰をそのインストラクターに任命してミッション遂行にあたってもらうかである。そして、そのミッションを帯びた人材が強い信念で進められるかは、ノンテクニカルスキル教育の計画がトップダウンで指示されているかどうかである。中間管理職の中には部下の育成に熱心な人もいれば、「上司は部下の育成に無関心」な人達がいて、特に運転員にその行動特性を自覚してもらって深く気づいてもらう、語りかけができない人もいる。

熱心でない人達がインストラクターの上司になると、ノンテクニカルスキル教育に対して懐疑的でインストラクター自身も教育をやりにくく、早期に進まなくなる可能性がある。ノンテクニカルスキル教育を始めるにも継続するにもインストラクターの力量とトップマネージメントのコミットメントが必要である。ここでは、インストラクターの力量に必要な五つの要件について述べる。

（1）内部人材が望ましい

インストラクターは事業所内部から輩出しなければならない。外部からの講師ではその事業所の安全文化は深く理解できていないので、話す表現が一般的になったり、抽象的になったりして、受講者の頭に残らず、腑に落ちる度合いが小さい。

また、ノンテクニカルスキルの要素の中で事業所の弱みとなっている要素を克服したい場合、作成されるノンテクニカルスキル教育のプログラムはそのような目標をベースに考案され、話す内容も個別プラントの名称が出てきたり、近い過去に発生した事故を題材にしていると「浮いた」状態にならない。このような視点から事業所内部のことをよく知っている内部人材がインストラクターになるのが望ましい。その場合、環境安全部のスタッフや人材育成部門のスタッフを任命するのが良い。

教育後の振り返りシートへの返答や集計に時間を要するし、行動特性評価の統計解析はやりがいがあるが統計の基礎を知っていないと重荷となる。

教育のまとめを安全衛生委員会でプレゼンテーションし、質問にも答えるのも上記のようなスタッフとなる。難しい質問にも答えられないと出席している組合員から「なんだ」と思われる。

指差呼称という言葉でも「ゆびさしこしょう」と発音する事業所もあれば「しさこしょう」と発音する事業所もある。実際、筆者の勤務するAGC旭硝子では、千葉工場は「ゆびさしこしょう」、鹿島工場は「しさこしょう」であり、千葉工場のプログラムを鹿島工場で教育した際に筆者から発せられる「ゆびさしこしょう」に違和感の視線を感じたので、2回目は「しさこしょう」に修正した。

話す言葉の違和感・なじみ感は教育効果に影響しているだろう。学術系の専門用語や世間一般では使用されている言葉でも運転員がその言葉を聞いて体を引く言葉は使わないようにしている。第11章演習の作成方法で述べたが、クロスロード演習の名称を、分かれ道演習にしたくらいである。

2010年の「言い出す勇気をもとう」をテーマにした教育では社会心理学の成果である責任の分散や多数の無知を披露したが、PowerPointで作成した資料にちりばめたのは易しい大和言葉をできるだけ多く使った。そうすれば教育でインストラクターが発する話し言葉も易しくなる。受講者にやってもらうことは簡単なのに、難しいことを話していると思われてはいけない。

易しい言葉プラスぱっと見てすぐにメッセージのイメージがつかめる写真やイラストをPowerPointで作成した資料に大きく入れるのも効果があり、こうすべきだと思う。

【図12－1】 演習巡回中のインストラクター

図12－1は2015年4月、演習中に巡回しているインストラクターの様子である。おはじき演習をしているところで、インストラクターはどのような意見交換がされているか、注意深く耳をそばだてている。発表してもらう良い意見や極端な意見がないか、机間巡視して聞いている。インストラクターの左の6人グループはAGC旭硝子の社員2名と協力会社4名の組み合わせである。会場の後ろには化学工学会安全部会主催のノンテクニカルスキル講座の参加者38名がAGC旭硝子千葉工場ではどのような教育をしているのか見学している。

(2)　熱い思い

インストラクターは自分の事業所の事故を減らしたいという強く熱い思いを持っていること。中でも筆頭インストラクターは任命当初から強く熱い思いを持っている人を選ぶのが良い。熱い思いは受講者にすぐに伝わる。しかし、任命時にその思いが薄くても、同僚のインストラクターの教育内容を聞いたり、受講者の受講中の態度や振り返りシートの感想・評価から学習して、次第にその思いが磨かれて、強くなっていくことがある。任命時の意欲づけでも左右される。

井戸端会議や感情が伴う会話では、聞き手は話し手の顔の表情や声の調子、体の動きを見ている。メラビアンの法則では発せられる言葉の内容への注目は７％に過ぎない。

教育一般では言葉の内容が大事であるので、聞き手の注目は50%以上にはなるが、特にヒューマンファクターを扱うノンテクニカルスキル教育では話し手の顔の表情や声の調子、体の動きが受講者にやる気を出させるかそうでないかに影響する。受講者はインストラクターに熱意があるかどうか観察している。

どんな教育場面でもそうだが、流れるような話し方より緩急強弱つけて、要所で２秒の沈黙後、低い声で重要なことを話すなど話し方にも工夫がいる。

図12－２は2010年４月の「チームエラーを防止する」をテーマにした教育時の冒頭２分間、インストラクターがこの教育の意義と目的について手ぶりを入れ、受講者の正面を向いて大きな声で語りかけるように話している様子である。ス

【図 12－2】 熱く語るインストラクター

【図 12－3】 仮想演習を進行させるインストラクター

カルプマイクを頭に装着しているので、手が自由となる。

図12－3はコンピュータを使用した仮想演習を進行させるインストラクターが第一ヒートを終えた後、受講者に「宝をとるため相談できましたか？うまくいった人、手を挙げて」と言っている場面である。第二ヒートを終えて、インストラクターが話す講釈が受講者に「言い出す勇気」の重要性をこの演習から学ばせたと思う。

（3） 受講生に真剣に対応する姿勢

受講者への熱い思いと通じる要件である。そのインストラクターがノンテクニカルスキル教育を初めて実施するときは、上司から十分意欲づけされることが大事である。筆頭インストラクターもそのインストラクターを育てる責務がある。自分の事業所の事故を減らしたいという思いが熱くなければ、インストラクターに指名されてもまあやっているという姿勢になりがちである。

その事業所の受講対象者が1,000名の規模であれば、最低３名のインストラクターが配置されねばならない。集合教育なので、１回当たり50名の受講者を教育すると合計20回の開催となり、一人のインストラクターが平均７回会場で話すことになる（近隣の関係会社にも出前講座をするので、８回となる場合もある）。AGC旭硝子千葉工場では2017年はインストラクターが３名増強され、計６名の体制になる。１回１回、一期一会の精神で受講者に接することになる。

化学工学会安全部会主催のノンテクニカルスキル講座には各社のインストラクター候補が代表として受講しており、2015年４月の開始から2016年12月の時点で398名に達した。受講の振り返りシートの回答を集約すると、事業所でノンテクニカルスキル教育が進まない理由のトップは「ノンテクニカルスキル教育をする時間がない」、次は「優秀なインストラクターがいない」であった。いずれも解決できる問題である。

熱い思いを持つインストラクターを育てるのは時間がかかるが育てれば、（先の写真に出てきたインストラクターのように自分で育つ場合もある）後は５カ年のノンテクニカルスキル教育計画を作成して任せる。「代務やトラブル対応で教育に行かせる時間がない」問題については、AGC旭硝子は2005年、この教育は時間外労働時間の制限の外とすると本部長が指示したので、解決した。

化学工学会安全部会主催のノンテクニカルスキル講座では「何人のインストラクターがいて、何回話すのか？」と尋ねられたことが多いので、その後のテキストに印刷し、軽く説明した。

（4）　効果的なプログラムが作成できる

このノンテクニカルスキルの向上を目指した教育プログラムの作成には、現場の教育ニーズをよく把握して、そのときの時流に乗った災害の横展開も踏まえ、管理計画や方針を基礎に構築する力量が必要である。そのような力量は、発生してくる労働災害やプロセス事故の原因を話し合う会議に出席したり、統合内部監査で質問したりして磨く。

AGC旭硝子千葉工場では12年間（2016年時点）ノンテクニカルスキル教育を実施してきたが、ノンテクニカルスキルの上位5カテゴリーの状況認識、コミュニケーション、意思決定、チームワーク、リーダーシップの内、まだ状況認識とコミュニケーション（一部流れ的に意思決定とリーダーシップを含む）のカテゴリーの個別要素の教育を実施しているところである。次のカテゴリーを教育対象に選ぶことができないくらい状況認識とコミュニケーションにおいて事故原因が多く存在し、このカテゴリーの教育はまだ終わらない。基礎編で述べたように意思決定の失敗はだいたい状況認識とコミュニケーションが原因である。

ノンテクニカルスキル教育を先行する航空分野では座学でなく演習を主体として考えさせ、相互に意見交換ができる演習が効果的であることが見出されていた。

そのプログラムに沿った教育を担当するインストラクターの受講者に深くノンテクニカルスキルの重要性を気づいてもらうようにするプレゼン能力や熱意が必須である。また、エンタテイナー的に演習遂行能力も求められていた。

コミュニケーションの要素教育においては、社会心理学や組織心理学の成果の伝達も必要で、責任の分散の原因となる援助行動の傍観者効果である「リンゲルマン効果」や「多数の無知」などについて、筆頭インストラクターは関連する書籍を2冊ほど読んでそのエッセンスをテキストに入れ込んだ(図12－4参照)。

（社会的手抜き効果ともいう）

大勢で作業をすると、一人が出す力が減ることを実験で証明。

綱引きの場合、綱を二人で引くと一人のときの約93％、三人では約85％、八人ではわずか49％しか力を出さなかった。

【図12－4】 リンゲルマン効果の説明

（5）達成目標の自覚

ノンテクニカルスキル教育は、効果が表れるまでに長いスパンがかかるものもあれば行動特性評価のようにすぐに現れるものもある。第1章1－7非意図的ノンテクニカルスキル教育で述べたように、プラントの手順書の教育で状況認識やコミュニケーションという言葉を教える側が発しなくてもノンテクニカルスキルの修得も行われている。例えば、「過去において反応器圧力が上がる前に、少し原料供給温度に上昇があったので、その温度に上昇に注目してわざわざ確認するステップがこの作業手順書に追加されている」と言えば、状況認識の中の第一段階である情報の収集の仕方を教えたことになる。

普段の朝ミーティングでのその日の作業の危険予知で「周辺状況がいつもとちがうのじゃない？」と危険源特定・評価作業を深くすることを提案することもある。これがＯＪＴでのノンテクニカルスキル教育である。このように教える経験や日常の作業経験を多く持っている人は、事業所全体の集合教育としてのノンテクニカルスキル教育のインストラクターになるのにふさわしい。1対1か1対数名の規模ではあるが、ＯＪＴという一つの部署の中でのノンテクニカルスキル教育を経験してきているので、事業所全体の達成目標の自覚がそうでない人に比べ容易である。ただし、達成目標は自分の心の中に入れておき、数値目標として書面やポスターで掲げるものでない。良い成果が後でついてくると思うことである。ノンテクニカルスキルを重視しようという意識はゆっくりと向上してくるもので、早くて３年はかかるという達成目標を自分に言い聞かせておく。

12－2　インストラクターの話し方のコツ

AGC旭硝子千葉工場では、初めてのインストラクターにはその初回時の５カ月前にA4サイズ１枚にまとめた集合教育のコツを話している。下記にその全文をそのまま転記する。説明しながら話すメモなので接続詞やいきなり的表現もあるが、ご容赦願う。

1. 最初の２分間…第一印象の壁を越えて、受講意欲を湧かせる。
   自分に注目させる。
   画面を出したり、資料に目をやらない。
   Visual（外見、容姿、態度）が55%、
   Vocal（声質、発音、抑制）が38%
   Verbal（話の中身、内容）が７%
   あなたの全身をさらけ出す。
   とっておきの導入を。最初の２分間は聞き手の目をそらせるな。
   今からのプレゼンに期待させる。

2　言い訳しない。
　僭越ですが、まだ十分練習していないが、十分な資料でないが、は禁句。
　時には小声で語りかけるような始まり方も良いかも。
3．４秒の沈黙…問いかけて間をおく。
4．プレゼンのゴールを示す　時間配分や目的。
5．アイコンタクトの重要性。
　聞き手全体を眺めるのでなく、私に話しかけてくれるという視線を作る。視線を流さない。70人全体を適当なグループに分けて各グループのpositive人間を見つけて語りかける。
6．自然体のしゃべり方と大きな声でゆっくりとの組み合わせ
　優先度の低いところはハイスピードで。平調子は眠気を催す。
7．大事なところは低い声（信頼感と安心感が得られる）で抑揚をつける。
8．長いセリフは避ける。（だらだら印象を与える）乱暴なくらい句読点をつけて言い切る。
9．並べた言葉より声に人柄が表れる。顔の表情に動きはあるか？
10．体は動いているか。同じ場所にいない。遠隔操作、ページ送り、デバイスを活用して机間巡視もしてみる。

11. 視線は固定していないか。
    話し方が単調になっていないか。立ち位置に動きはあるか。口癖が連発されていないか？（えーと・あのうなどの連発は避ける）
12. 顔は聞き手を視線は聞き手を向いているか。声は聞き手を向いているか。
13. 最後の5分でこの日のより深い印象をつける（クライマックス）。

おわりに

最後にノンテクニカルスキル教育を継続する上でインストラクターを組織的に養成するしくみが必要である。幸いAGC旭硝子千葉工場の場合はノンテクニカルスキル教育のインストラクターを環境安全部から2名（筆者もその内の一人）、人材育成グループから4名の合計6名体制で2005年から開始できた。

本部長が人材育成グループにインストラクター派遣を指示したのが良かった。初年度からPowerPointの画面上でアニメを駆動するソフトを動かすなど高度だったが、6人で協力して初年度の教育を無事に完了した。

2016年は過去最低の3名体制になったが、2017年からは3名増とし、再び6名体制となった。インストラクター6名、教育企画に参画しているアドバイザー１名の合計７名で教育テーマの選定からプログラム作りを始めている。製造部門、設備管理部門から初インストラクターが任命され、協力会社からのインストラクターも復活となった。協力会社からインストラクターが派遣されるのは請負作業者の作業が多い事業所（千葉工場はAGC旭硝子社員1,000人、協力会社社員1,100人）では大きなメリットがあり、心強い。

教育テーマの選定などの意見交換の段階から協力会社の意見が反映でき、AGC旭硝子のみならず同じ敷地で働く協力会社と一体となったノンテクニカルスキル教育ができる。まだそこまでいっていないが協力会社のインストラクターのレ

ベルが向上する。

あとがき

ノンテクニカルスキルの知識や演習で得たことが実践の中に浸透し、それによって事故が減ったり、従業員の満足度が向上したときに、さらにノンテクニカルスキルの知識は強固になり、また、演習で得たことは深く脳に刻まれる。こうしてその知識は強固な経験的次元を持つことになり、実践を繰り返し良い結果が出てくる。

ノンテクニカルスキル教育は一過性・単発でなく、せめて5カ年計画を立てて、継続して人間面の原因を解決していく方針をマネージメントが示せば、従業員もその期待に応えるものである。コストダウン起業や増産起業のように計画と教育投資のリターンを考えるものでなく、教育においては短期的なリターンを求めるものでない。すなわち、教育の良い結果は長い年月をかけて出てくると考える。

「教育の結果はいつ出るのか?」とマネージメントに所属する人は尋ねないようにしたい。人間の意識はそんなに早く変わるものでなく、5年はかかると気長に待つ。3年目くらいでインストラクター達に「ごくろうさん。意識というのはすぐには変わらないものである。がまん強くやってくれ」と励まそう。筆者は2007年（教育を始めて3年目）に当時の本部長からそう励まされた。マネージメントの指示で教育を担当するインストラクターはその期待に対応できる熱情と教育で変えるリーダーシップを持つことが大事である。

ノンテクニカルスキル教育を開始するということは新たな領域を作り出している。それは自己認識という領域であり、自己に目覚める段階に到達することである。その領域がスイスチーズモデルの４Mの一つの側面、人間面の穴を小さくしている。

本文で述べたが、意思決定の力をつけるには自己認識がベースになるし、「自己を知れば事故が減る」目標があるように、行動特性起因のトラブルを防止するのも自己認識が鍵であった。本人が思い込みが強いと自覚できれば、思い込み起因の事故は減った。危険敢行性が強いと自覚できれば、危険敢行性起因の事故は減った。遵守規律性が弱いと自覚できれば、きまりを守る行動・言動を起こし、それ起因の事故は減るのである。

自分がどのような行動特性を持っているか自覚するのが出発点であった。個々人のレベルでの事故抑制教育を続けていくと、状況認識やコミュニケーション・意思決定の面では個人ではトラブルに陥らないが、組織的要因で集団では間違ったことをすることがあった。それは過去の多くの事故が示した。どのようなコミュニケーション事故であったかをその側面から分析してノンテクニカルスキル教育で事例研究すれば、状況認識のトラブルや、リーダーシップのトラブルも受講者の記憶に演習のメッセージと共に残るであろう。

その教育の場こそが受講者の意見交換・対話の場となり、受講者の視点の拡大に貢献する。それにより、それぞれの運転員の境界を越えた視点が育つ。すなわち、長年同じ職場で同じ作業をしていると考えのしなやかさが劣化してくるが、気づけば進行を遅らせられるか、向上できる。

現在は事故の数は少なくなったが、まだ発生し続けている。未来においてはどうなるか？

ノンテクニカルスキルの重要性を気づき、その教育をやりはじめることが対策になる。

ノンテクニカルスキル教育が普及して、読者の皆様の事業所の事故が減ることを希求します。

2017年8月

南川 忠男

◎**著者略歴**

南川 忠男（みなみがわ ただお）

1955年三重県生まれ。1975年鈴鹿工業高等専門学校卒業。
同年旭硝子㈱に入社。千葉工場製造部門及びインドネシアの関係会社勤務を経て、2004年千葉工場環境安全部、現在に至る。2015年公益社団法人化学工学会安全部会事務局長。

2017年一般社団法人日本化学工業協会・レスポンシブルケア賞審査員特別賞を受賞。
著書に『組織と個人のリスクセンスを鍛える』［共著：大空社（2012年）］などがある。

産業現場のノンテクニカルスキルを学ぶ

事故防止の取り組み

南川 忠男　著

2017年8月1日　初版1刷発行
2022年9月13日　初版3刷発行

発行者　佐　藤　　豊
発行所　㈱化学工業日報社
〒103-8485　東京都中央区日本橋浜町3-16-8
電話　03(3663)7935(編集)／03(3663)7932(販売)
Fax.　03(3663)7929(編集)／03(3663)7275(販売)
振替　00190-2-93916
支社　大阪　**支局**　名古屋、シンガポール、上海、バンコク
URL　https://www.chemicaldaily.co.jp

印刷・製本：平河工業社
DTP・カバーデザイン：タクトシステム

ISBN978-4-87326-689-3　C3050